ZHONGWEN BAN

3ds Max

ANLI ZHIZUO SHIXUN YINGYONG

JIAOCHENG

中文版

3ds Max
案例制作实训应用教程

主　编　贾荣玉

副主编　王佳音　曹　文　周　涛

张宇驰　吕　梁　王　辉

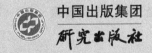

中国出版集团

研究出版社

图书在版编目（CIP）数据

中文版 3ds Max 案例制作实训应用教程/贾荣玉主编.
--北京：研究出版社，2020.3
　　ISBN 978-7-5199-0845-4

　　Ⅰ.①3… Ⅱ.①贾… Ⅲ.①三维动画软件—教材
Ⅳ.①TP391.414

　　中国版本图书馆 CIP 数据核字（2020）第 027248 号

出 品 人：赵卜慧
图书策划：宫大林
责任编辑：张　璐

中文版 3ds Max 案例制作实训应用教程
ZHONGWENBAN 3ds Max ANLIZHIZUO XIXUNYINGYONGJIAOCHENG

作　　者：贾荣玉　主编
出版发行：研究出版社
地　　址：北京市朝阳区安定门外安华里 504 号 A 座（100011）
电　　话：010-64217619 64217612（发行中心）
网　　址：www.yanjiuchubanshe.com
经　　销：新华书店
印　　刷：北京建宏印刷有限公司
版　　次：2020 年 3 月第 1 版　　2020 年 3 月第 1 次印刷
开　　本：710 毫米×1000 毫米　　1/16
印　　张：21 印张
字　　数：290 千字
书　　号：ISBN 978-7-5199-0845-4
定　　价：45.00 元

内容简介

INTRODUCTION

　　本书紧贴新媒体时代的社会职业岗位能力需求，按照岗位能力递进的原则，遵循学习者的学习特点，以创新教育、素质教育、能力教育为基础，以学习者为中心，结构化设计教材内容。从 3ds Max 软件的基本操作命令入手，详细介绍了中文版 3ds Max2020 的工作界面布局、物体的基本操作与编辑方式、三维模型的创建方式、二维图形的创建与编辑方式、模型修改器的应用、复合模型的创建与编辑技巧、多边形建模方式、材质与贴图、摄影机与灯光、环境特效、渲染输出、动画制作基础、粒子系统与空间扭曲等软件操作命令。本书重点难点突出，理论结合实践，内容丰富翔实，结构清晰，图文并茂。在详细讲解知识点的同时，巧妙融入设计艺术专业应用项目案例，将软件操作技术与专业设计有机衔接，书中操作案例涉及标志设计、产品包装设计、建筑设计、展示设计、室内装饰设计、影视广告设计、电视栏目包装等专业设计领域。学习者将软件的学习与工程实践融为一体，轻松掌握 3ds Max 操作技巧。本书具有极强的创新性、适用性与实践性，适合高职高专层次的学生学习使用，对高职艺术设计人才的培养能起到积极的推动作用。

前　言
PREFACE

　　新媒体时代，随着科学技术的飞速发展和应用，3ds Max 软件以其强大的功能，相对要求普通的硬件系统配置，易于上手、简洁高效的制作流程，在艺术设计专业领域得到广泛的应用，广泛应用于广告设计、产品包装、建筑表现及漫游、室内装饰设计、展示设计、影视动画制作、游戏动画等诸多领域。

　　本书详细介绍了中文版 3ds Max2020 软件的功能、基本操作命令和使用技巧，依据国家高职高专教育的特点和人才培养目标，突出教育性、实践性与职业性，书中设计案例均来自设计一线的实际项目工作任务，具有明显的前沿性。与强大的功能相比，3ds Max2020 可谓是最容易上手的 3D 软件，但是初学者面临繁杂的操作命令，还是不知从何入手。针对此问题，本书作者根据使用者的实际需要及学习者的理解水平，将复杂的操作命令进行整理、归纳，提炼出一条非常清晰的学习主线。忽略不常用的操作命令，提炼、简化常用的操作命令，使学习者快速的熟悉、掌握 3ds Max 软件。书中内容分为几大部分，第一部分为基础篇，包括 3ds Max2020 的工作界面及文件的管理等；第二部分为基本操作篇，学习者掌握基本、常用的基础操作命令，掌握建模、摄像机、灯光、材质与贴图及渲染输出的工作流程及操作技法，将标志设计、产品包装设计等实例嵌入操作命令中，为后续章节实例项目制作打下良好的基础，另外此部分也为学习者在设计案例制作时，有不熟悉的地方可以方便查询；第三部分为特殊效果篇，包括火、雾及光等环境特效，粒子特效等内容；第四部分为设计实例制作篇，按照专业划分，采取"任务驱动"方式，重点介绍建筑表现效果图、室内设计效果图、动画制作、广告制作及电视栏目包装等制作方法，达到学以致用的目的。本书适用于视觉传播设计与制作、建筑设计、室内装饰设计、展示设计、广告设计与制作、环境艺术设计及数字媒体艺术设计等设计艺术类专业。

　　本书在编写过程中，王佳音、曹文、周涛、王辉等参与了本书部分章节的编写、审校及编排等工作，在此一并表示感谢。

　　由于作者水平所限，书中难免会存在一些不尽如人意之处，敬请使用本书的朋友们批评指正。

编者　贾荣玉

2019 年 10 月

目 录
CONTENTS

第 1 章

初识中文版 3ds Max2020

3ds Max 是由 Autodesk 公司推出的一款非常优秀的电脑三维动画、模型和渲染软件，集建模、材质与贴图、灯光、摄像机、动画及渲染等于一体，功能强大，在角色动画方面具备很强的优势，用于设计可视化、游戏和动画的三维建模和渲染。软件的设计有极好的开放性，具有丰富的外部插件，广泛应用于建筑设计、室内装饰设计、工业设计、展示设计、影视多媒体技术、景观设计、广告设计及动画制作等设计艺术专业领域，在国内拥有最多的使用者和相当火爆的网络教程和论坛。

1.1　3ds Max2020 的安装与启动

3ds Max2020 中文版的安装步骤及注册解密说明，在网络中都有详细的安装教程，学习者上网搜索、下载学习即可。

3ds Max2020 中文版的启动方式有下列三种方法。

（1）安装后，双击电脑桌面上的 3ds Max2020 中文版快捷启动按钮 ；

（2）双击【我的电脑】中，任意一个后缀名为 . Max 的文件；

（3）单击【开始】→ ；

以上几种方式都可以启动 3ds Max2020 中文版，学习者可以根据使用习惯选择。

第一次启动 3ds Max2020 中文版，系统会打开如图 1.1 所示的【欢迎使用 3ds Max】对话框，对话框中显示一些基本技术教学视频及 2020 版新增功能等信息。如果选择取消【在启动时显示此欢迎屏幕】，下次启动时对话框将不再显示。关闭对话框后，系统将打开 3ds Max2020 中文版初始界面。

1

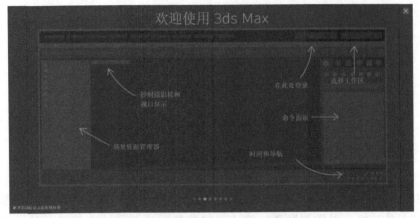

图 1.1 【欢迎使用 3ds Max】对话框

小提示

第一次启动 3ds Max2020，打开的是默认英文版。选择桌面左下角的【开始】按钮 → 所有程序 → Autodesk → 3ds Max 2020 - Simplified Chinese，即可切换到简体中文版。

1.2 3ds Max2020 中文版的工作布局

启动 3ds Max2020 中文版后，进入系统默认的工作界面，如图 1.2 所示。主要有标题栏、菜单栏、工具栏、视图区、命令面板、视图控制区、动画控制区、信息提示区与状态栏、时间滑块和轨迹栏等。

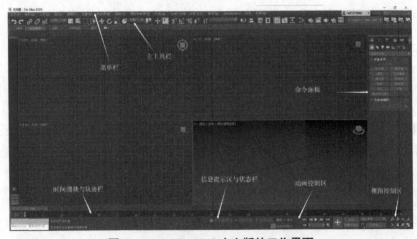

图 1.2 3ds Max2020 中文版的工作界面

3ds Max2020 中文版的工作界面的详细介绍如下：

1.2.1　标题栏

标题栏主要显示程序按钮、当前文件的名称和右上角的关闭退出按钮等。

图 1.3　标题栏

1.2.2　菜单栏

菜单栏包含了文件、编辑、工具、组、视图、创建、修改器、动画、图形编辑器、渲染、Civil View、自定义等菜单，如图 1.4 所示。

图 1.4　菜单栏

1.2.3　工具栏

工具栏包括主工具栏及浮动工具栏，主工具栏上包含了最常用的移动、旋转、缩放、捕捉、镜像、对齐、材质编辑器及渲染等操作命令快捷按钮，方便学习者使用；浮动工具栏包括层、捕捉、笔刷预设等。在实际操作中，主工具栏的使用频率非常高。单击主工具栏上的某一按钮，就可以启动相对应的命令，如图 1.5 所示。

图 1.5　工具栏

小提示

（1）一般电脑显示器设置在 1024＊768 的分辨率时，主工具栏上的按钮不能完全显示出来，这时可以将鼠标放在工具栏上，等光标变成小手的形状时，按住鼠标左键不放，就可以左右移动工具栏，显示出其他的按钮。

（2）可以执行【自定义】→【显示 UI】→【显示主工具栏】命令，即可打开或隐藏主工具栏；同样的操作可以打开或隐藏浮动工具栏，如图 1.6 所示。

（3）在主工具栏中，有些按钮的右下角有一个小三角形标记，这表示此按钮下还隐藏有多重按钮。将鼠标放置在此按钮上按住不动，就会出现隐藏的按钮，如图 1.7 所示。

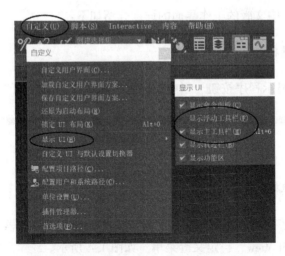

图 1.6　打开或隐藏工具栏的方式

(4) 用鼠标按住并拖动主工具栏左侧的两条垂直线,就可将主工具栏分离出来成为一个浮动面板,学习者便可以拖动主工具行的标题栏,将它放到操作界面的其他地方。

(5) 如想了解某个工具按钮的名称,只要将鼠标指针移动到工具栏中的某个工具按钮上,当鼠标停留几秒钟后,就会出现此按钮的中文提示,如图 1.8 所示。

图 1.7　显示隐藏按钮的方式　　　　　**图 1.8　显示按钮的中文提示方式**

1.2.4　命令面板

命令面板在 3ds Max 工作界面的最右侧,几乎包含了 3ds Max 中所有的建模、编辑修改、层级、动画控制、显示及运动等命令,是最核心的功能区域,也是最复杂、使用最频繁的部分。命令面板共有创建命令面板、修改命令面板、层级命令面板、运动命令面板、显示命令面板及实用程序命令面板,如图 1.9 所示。

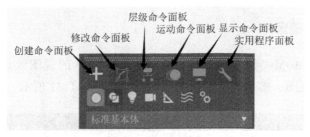

图 1.9　命令面板

单击命令面板中的不同按钮，可以进入相应的命令面板中，下面简单介绍一下几个命令面板的功能。

（1）创建命令面板：主要用于创建各种二维图形、三维模型、灯光及摄像机等，共包含几何体、图形、灯光、摄像机、辅助对象、空间扭曲及系统等 7 个子面板。

（2）修改命令面板：主要是对创建的二维图形或三维模型等物体做进一步的编辑及修饰，下面包含挤出、车削、弯曲及倒角等若干个修改命令。

（3）层级命令面板：主要是调整物体轴心，为多个物体创建相关联的各种复杂运动等。

（4）运动命令面板：主要是为物体的运动施加各种不同的控制器或约束。

（5）显示命令面板：主要是控制物体在视图中的显示方式，如隐藏、冻结物体或修改物体的参数。

（6）实用程序命令面板：主要包含资源管理器、摄像匹配及测量器等工具。

小提示

3ds Max 每一个命令面板下都包含有若干个子面板，每个子面板下又包含繁多的标题栏及相关操作，为了便于管理，在标题栏的左侧都有一个"▶"或"▼"按钮，这种称为展卷栏。单击"▶"按钮，展卷栏将向下展开，显示出各项参数；单击"▼"按钮，展卷栏将会收起，如图 1.10 所示。

图 1.10　命令面板中的卷展栏

1.2.5 视图区

视图区是 3ds Max 设计图制作的主要区域，默认的视图区是四视图窗口模式，分别是顶视图、前视图、左视图和透视图，如图 1.11 所示。

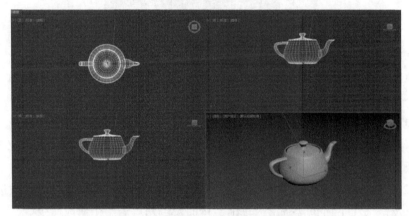

图 1.11　3ds Max 默认的四大视图

根据物体不同的投影角度，3ds Max2020 中文版的视图区分为正交视图及透视视图两大类视图。

（1）正交视图：采用正交投影的方法，能准确表示物体的长度、宽度与高度之间的关系，正交视图包括顶视图、底视图、前视图、后视图、左视图和右视图。

（2）透视视图：与自然中人们观察事物的习惯相同，可以直观、方便地观察场景。

在每个视图的左上角，都标有该视图的名称。通过这几个视图的配合，就可以从不同的角度及方向来观察和编辑物体，学习者应该培养在制图中一目多视图的能力与习惯。

1.2.6 视图控制区

视图控制区是用来控制视图的观察方式，位于 3ds Max 工作界面的最右下方；视图控制区的各种视图控制按钮主要是改变视图中物体的观察效果，不改变物体本身的大小及结构。

随着当前视图的改变，视图控制区的按钮也会跟着发生相应的变化，如图 1.12 所示当前视图为普通视图、透视图与摄像机视图时，视图控制区中的按钮发生相应的变化。

普通视图控制区　　　　透视图控制区　　　　摄像机视图控制区

图 1.12　视图控制区的三种状态

视图控制区中常用的按钮及组合键介绍如下：

（1）缩放 ：放大或缩小当前激活的视图，或滑动鼠标中键。

（2）缩放所有视图 ：放大或缩小所有视图。

（3）最大化显示选定对象 ：用于最大化显示激活视图中的选定物体。

（4）所有视图最大显示 ：同时以最大的方式显示所有视图中的所有物体。

（5）缩放区域 ：在视图中拖动鼠标拉出一个虚线框可以缩放虚线框内的区域，常与所有视图最大显示 搭配使用。

（6）视图平移 ：沿任意方向移动视图区，或按下鼠标中键。

（7）环绕 ：围绕场景旋转视图，组合键为 Alt+鼠标中键。

（8）最大化视图 ：切换单视图与多视图，组合键为 Alt+W。

（9）视野 ：本按钮仅在透视图与摄像机视图中启用，可以同时缩放透视图或摄像机视图中的区域。

1.2.7　动画控制区

动画控制区类似于多媒体播放器中的功能，主要控制动画的播放、记录动画关键帧、控制动画的时间长度等，如图 1.13 所示。

图 1.13　动画控制区

1.2.8　时间滑块与轨迹栏

时间滑块与轨迹栏用来控制动画场景的时间长度，一般与动画控制区配合使用，如图 1.14 所示。

图 1.14　时间滑块与轨迹栏

3ds Max 默认的动画时间长度是 100 帧，也可以选择【动画控制区】→【时间配置】按钮，打开【时间配置】对话框，在对话框中更改动画时间的长度，如图 1.15 所示。

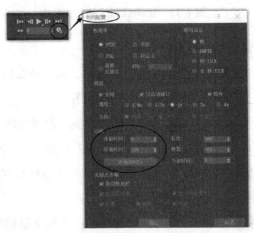

图 1.15　通过【时间配置】更改动画时间的长度

1.2.9　信息提示区与状态栏

信息提示区与状态栏位于 3ds Max2020 中文版工作界面的底部，用于帮助学习者创建和处理对象，显示当前工具、模型的坐标及栅格的状态等信息，如图 1.16 所示。

图 1.16　信息提示区

1.2.10　视图方位显示（ViewCube）

在试图区内点击此按钮，可以方便地将视图按不同的方位显示，每一个视图都有一个视图方位显示按钮，如图 1.17 所示。

图 1.17　视图方位显示

1.3　3ds Max2020 中文版的视图区

1.3.1　3ds Max 视图的功能与类型

视图区是进行效果图制作的主要区域，也是工作界面中显示区域最大的部分。

3dsMax 视图的类型除了默认的顶视图、前视图、左视图、透视视图之外，还有底视图、还有底视图、后视图、右视图、摄像机视图、正交视图及用户视图等几种视图方式，如图 1.18 所示。其中，顶视图、前视图和左视图等为正交视图，准确地表现物体的高度、宽度以及各物体之间的空间关系，而透视图与日常生活中的观察角度相同，是采用近大远小的透视原理。

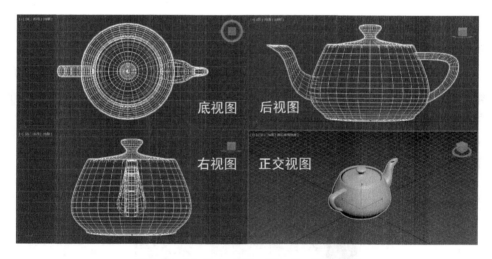

图 1.18　3ds Max 的底、后、右、正交视图

1.3.2　3ds Max 的当前视图

在视图区中，无论显示有几个视图，其中始终只有一个周圈带黄色边框的视图，表示【当前视图】，其他视图为正常显示。

在视图区内，用鼠标点击另外任意一个视图，都可将点击的视图变成当前视图。各种操作只能针对当前视图中的物体进行操作，其他视图仅仅是从不同的角度来观察视图中建立的三维场景；在当前视图中进行任何操作时，其他视图的物体会同步跟着发生相应的变化。

1.3.3　3ds Max 单视图与多视图的转换

在实际应用中，为了更好地观察三维模型，需要在四个视图和一个视图之间进行转换，使用组合键"Alt+W"；或点击试图控制区的【最大化视口切换】按钮 ，都可以实现单视图与多视图的切换。

1.3.4　将当前视图转换为摄像机视图

当建立三维场景时，都需要在场景中设置摄像机来模拟自然的观察角度，当视图中添加好摄像机后，按下快捷键"C"，就可以将当前视图转换为摄像机视图，一般是将透视图转换为摄像机视图。

1.3.5　更改 3ds Max 视图的类型

四个视图的位置可以自由改变，并且都有快捷键或菜单可以快速更改需要的视图类型，3ds Max 有两种更改视图类型的方式。

第一种方式：将鼠标移动到任意一个视图的视图按钮 上，单击鼠标右键，弹出视图的几种类型菜单，选择其中任意一个需要的视图类型，当前视图即可变成所选中的视图类型，如图 1.19 所示。

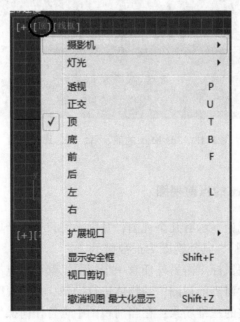

图 1.19　转换视图的方式

第二种方式：在视图内，使用键盘上的快捷键，可以更加方便快捷地实现视图类型的转换。除了右视图及后视图外，其他几个视图都有相应的快捷键，如顶视图的快捷键是"T"，前视图的快捷键是"F"，左视图的快捷键是"L"，透视图的快捷键是"P"，底视图的快捷键是"B"，正交视图的快捷键是"U"，摄像机视图的快捷键是"C"。

1.3.6　更改 3ds Max 视图的布局

3ds Max 默认的视图区的四大视图布局是可以改变的，更改视图布局操作如下。

（1）将鼠标移动到任意一个视图的视图按钮 [+] 上，单击鼠标右键，在弹出的快捷菜单中，选择【配置视口】命令，打开【视口配置】对话框。

（2）选择【视口配置】对话框中的【布局】选项卡，选择其中的任意一个视口布局方式，单击【确定】按钮即可，如图 1.20 所示。

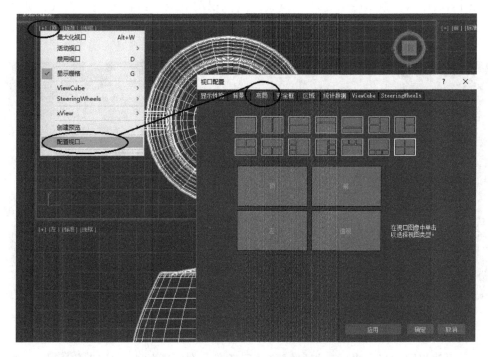

图 1.20　更改 3ds Max2020 视图的布局方式

1.3.7　更改 3ds Max 视图的大小

将鼠标光标放在视图的垂直分界线上，当鼠标变成双向箭头时，按住鼠标左键向左右方向拖动视图分界线，就可以调整视图的左右尺寸；同样将光标放在视图的水平分界线上，可以调整视图的上下尺寸；将光标放在视图分界线中间的十字交叉点上，按住鼠标左键向各个方位拖动视图分界线，就可以同时随意调节四个视图的大小。

在 3ds Max 视图分界线上，单击鼠标右键，在弹出的菜单中选择【重置布局】命令，即可恢复视图的均分状态。

1.3.8　更改 3ds Max 视图的显示模式

视图的显示模式有多种，主要的有默认明暗处理、面、线框覆盖等，学习者可以在使用中灵活选用。3ds Max2020 默认的视图显示模式中，透视图及摄像机视图默认显示"默认明暗处理"模式，其他视图显示"线框覆盖"模式，如图 1.21 所示。

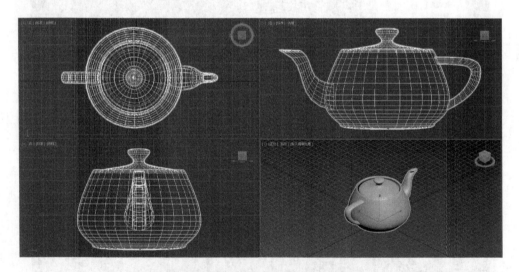

图 1.21　3ds Max2020 默认的视图显示模式

更改视图的显示模式：将鼠标移动到任意一个视图的视图按钮 线框 上，单击鼠标右键，在弹出的快捷菜单中，选择相应的物体显示模式即可，如图 1.22 所示。

图 1.22　更改 3ds Max2020 视图的显示模式

1.3.9　更改 3ds Max 视图的背景颜色

更改视图区的背景颜色操作步骤如下。

（1）执行【自定义】→【自定义用户界面】命令，打开【自定义用户界面】选项板。

（2）在选项板中选择【视口背景】，点击 颜色： ，打开【颜色选择器】选项板。

（3）在【颜色选择器】选项板内选择合适的视图颜色，如图 1.23 所示。

（4）设置好背景颜色后，单击 立即应用颜色 按钮，一般几秒钟后，视图区的背景颜色即可变成新设置的颜色。

小提示

视图区的背景颜色一般会选择默认的灰色，也可以根据学习者的个人喜好设置颜色，无论视图区中显示的是黑色、白色还是其他色彩，都不影响最后渲染输出的场景效果。

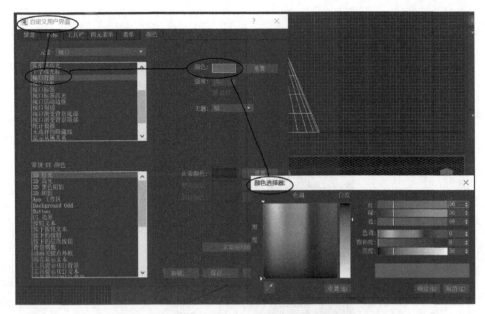

图 1.23　更改 3ds Max2020 视图背景的颜色方式

1.3.10　3ds Max 视图的安全框

安全框是显示视图渲染的范围，是控制效果图渲染输出时的纵横比，安全框以外的部分不会被渲染。安全框分三层，最内层的洋红色框内最安全，中间的浅棕色框控制动画渲染的尺度，最外围的青色框用来将背景图像与场景对齐，表示渲染的准确区域，如图 1.24 所示。

图 1.24　3ds Max2020 视图安全框

执行菜单栏【视图】→【视口配置】命令，打开【视口配置】对话框，单击【安全框】选项卡，就可以设置安全框的范围，依次勾选动作安全区、标题安全区、用户安全区后，单击【应用】即可；或使用组合键"Shift+F"，如图 1.25 所示。

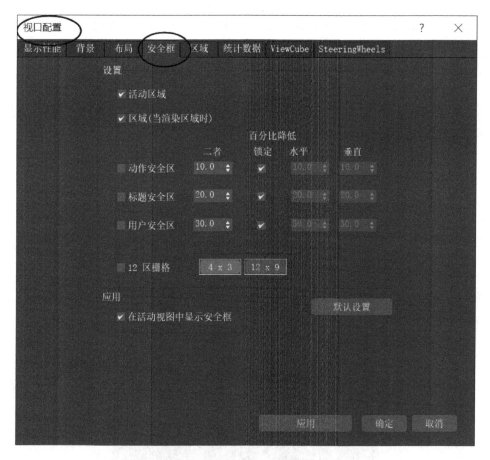

图 1.25 通过【视口配置】对话框设置安全框

小提示

一般绘图时将场景内的物体放在最内层的洋红色框范围内，外圈的部分当渲染视频时，在做后期合成处理的时候有可能被修剪掉，安全框内的部分无论什么型号的显示器都能显示出来，所以重要的内容一定要放在安全框之内。

1.4 3ds Max 系统单位的设置

使用 AutoCAD 绘制的建筑设计、室内装饰设计、展示设计及工业设计等施工图一般都采用"毫米"为绘图单位，并在图纸上标明了具体尺寸；因此在制作 3ds Max 设计效果图时，最好设置"毫米"为制作单位，以保证三维效果图的精确度与绘图单位的一致性。

3ds Max 系统单位的设置步骤如下。

（1）单击菜单栏【自定义】→【单位设置】命令，打开【单位设置】对话框，如图 1.26 所示。

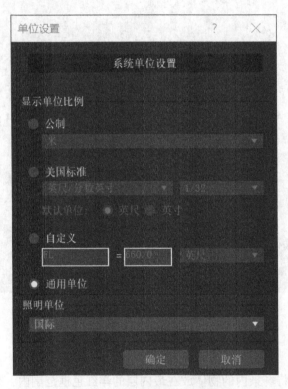

图 1.26 【单位设置】对话框

（2）单击【单位设置】对话框中的 系统单位设置 按钮，打开【系统单位设置】对话框，将单位设置为【毫米】，单击【确定】即可，如图 1.27 所示。

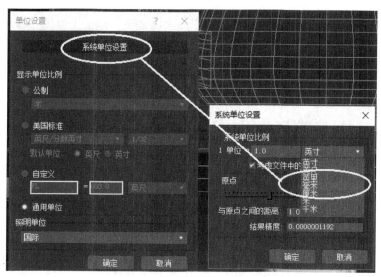

图 1.27　【系统单位设置】对话框

小提示

（1）一般在制作效果图的过程中，都将单位设置为【毫米】，此时在 3ds Max 数据录入栏中的数字后面会出现"mm"。

（2）3ds Max 默认状态是【通用单位】，在通用单位状态下，系统创建的物体在数据录入栏中将只显示其数字参数，不显示数字的单位。

1.5　3ds Max 坐标轴的设置

在执行移动、旋转、缩放、对齐等命令的操作过程中，一般都要用到坐标轴，3ds Max 坐标轴有视图、屏幕、世界、父对象、局部、万向、栅格、工作及拾取等。常用的是视图坐标系，在视图坐标系中，所有视图都使用视图屏幕坐标，如图 1.28 所示。

3ds Max 系统默认的视图坐标系，它是世界坐标系和屏幕坐标系的混合体。使用视图坐标系时，所有顶视图、前视图和左视图等正交视图都使用屏幕坐标系，透视图使用世界坐标系，如图 1.29 所示。

图 1.28　3ds Max2020 的几种坐标系

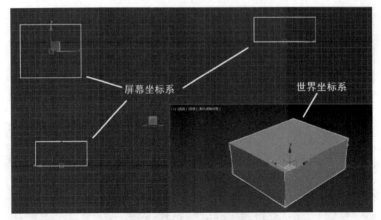

图 1.29　3ds Max 的视图坐标系

视图坐标系中，所有正交视图中的 X 轴始终朝右，Y 轴始终朝上，Z 轴始终垂直于屏幕指向学习者。其他几个坐标系一般不常用，就不再一一详细介绍了。

1.6　3ds Max 的二维材质库

3ds Max 的三维模型需要赋予不同的贴图，才能变得更加美观。因此，收集整理大量精美的图片，并按照一定的门类保存到一起，建立一个完善的二维材质库，在制作中随时调用，这是非常重要的一项工作，如图 1.30 所示。

图 1.30　3ds Max 二维材质库

小提示

3ds Max 二维材质库中，所包含的内容因为专业的不同会相应在变化，同时也与个人使用习惯有关。无论怎样，一个内容丰富的二维材质库会极大地提高效果图的制作速度，同时精美的纹理及材质可以让模型的效果更加逼真。

1.7　3ds Max 的三维模型库

在实际制作 3ds Max 三维场景时，对于沙发、电视机、空调及衣服等大体相似或完全一致的三维模型，可以调入外部存储的三维模型，或在调入模型上稍加编辑，使它们的尺寸与造型等更加适应新的场景，从而节省大量的精力与时间。这就需要学习者在平时学习和工作中注意积累，按照一定的门类整合、存储在一个文件夹中，建立一个强大的三维模型库，随时调用，这也是制作 3ds Max 设计图中非常重要的一项准备工作，如图 1.31 所示的三维模型库。

图 1.31　3ds Max 三维模型库

小提示

（1）3ds Max 的三维模型库中，三维模型的重复使用可以极大地提高工作效率。

（2）3ds Max 二维材质库与三维模型库的内容，应不断完善、补充及更新，随时保持模型库的先进性、时代性与创新性。

（3）在制作建筑漫游等动画时，最好创建 3D 动作库，在此就不再展示了。

1.8　本章小结

　　本章内容讲述了 3ds Max2020 中文版的基础知识；工作界面的各个组成部分；详细介绍了视图区的视图操作相关命令，如视图的类型、视图的切换、视图的显示模式、视图的背景颜色及安全框；3ds Max 的坐标系及系统单位的设置等内容。学习者应熟练掌握视图的操作技巧，为后续 3ds Max 基础操作相关知识的学习奠定坚实的理论基础。

第2章

3ds Max2020 基础操作命令

本章主要介绍 3ds Max2020 中文版文件的管理，如新建、打开、保存、退出等基础操作命令；重点掌握物体的选择、移动、旋转、缩放、捕捉、对齐、镜像、阵列等基础操作命令，了解 3ds Max 建模、摄像机与灯光的设置、模型材质与贴图、动画制作及渲染输出等三维动画的制作流程。

2.1 3ds Max2020 中文版文件的管理

2.1.1 3ds Max 文件的新建

3ds Max2020 中文版新建文件有多种方式，学习者可灵活运用。

（1）单击菜单栏上的【文件】→【新建】菜单→【新建全部】，如图 2.1 所示。

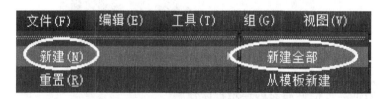

图2.1 通过【新建全部】菜单新建文件

（2）单击菜单栏上的【文件】→【新建】菜单→【从模板新建】，打开【创建新场景】面板，从中选择一个示例场景，双击或点击创建新场景按钮即可，如图 2.2 所示。

（3）使用组合键【Ctrl+N】，也可以新建一个 3ds Max 文件。

如果当前场景中已经存在 3ds 场景文件，在新建文件时，就会出现如图 2.3

图 2.2 【创建新场景】面板

所示的对话框。可根据需要选择是否保存。

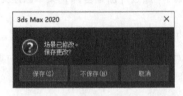

图 2.3 【提示保存】对话框

2.1.2　3ds Max 文件的重置

3ds Max 重置是将所有视图中的全部数据清除，恢复到系统初始状态，具体操作如下。

（1）单击菜单栏上的【文件】→【重置】菜单，如图 2.4 所示。

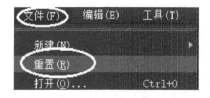

图 2.4　通过【重置】菜单重置文件

（2）在重置文件时，会弹出如图 2.5 所示的保存文件提示。

图 2.5　保存文件提示

（3）如当前 3ds Max 场景做了编辑修改，可单击【是】按钮，弹出【文件另存为】对话框，对场景进行保存；单击【否】则不保存操作内容；单击【取消】则不会重置该场景。选择"否"后，系统会再次弹出提示信息，询问是否确实要重置场景，如图 2.6 所示。

图 2.6　重置文件提示

（4）单击【是】按钮，则清除视图中的全部数据，恢复到系统初始状态；单击【否】按钮，将取消这次操作，不会重置该场景，返回原有场景中。

2.1.3　3ds Max 文件的打开

在创建 3ds Max 场景中，将单个或一组模型保存为单个文件，添加三维模型库，可以反复调用；可以打开相近的三维场景工程文件，在原有基础上进行编辑与修改，可以极大地节约制作时间，提高工作效率。

打开文件同新建文件一样，也有多种操作方式。在电脑或移动设备中，点击任意一个已经存在的 ∗.Max 格式的文件，或者单击菜单栏上的【文件】→【打开】，或使用组合键【Ctrl+O】，打开【打开文件】对话框，如图 2.7 所示。在选中的 3ds Max 文件上双击；或选择一个文件后单击打开按钮，都可以打开一个 3ds Max 文件。

图 2.7　【打开文件】对话框

小提示

（1）3ds Max 一次只能打开一个场景文件，所以打开一个新的场景文件后，就会自动关闭当前的场景文件。

（2）在打开 3ds Max 文件时，如果出现了如图 2.8 所示的【文件加载：Gamma 和 LUT 设置不匹配】对话框，这是因为加载的文件与现有场景的单位比例不一样。

单击【确定】按钮，出现【文件加载：单位不匹配】对话框，如图 2.9 所

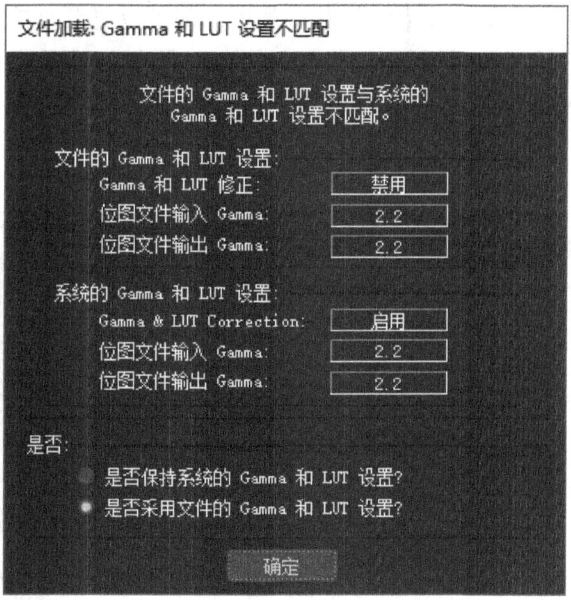

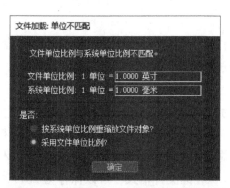

图 2.8　【文件加载：Gamma 和 LUT 设置不匹配】对话框

示。根据实际情况选择【按系统单位比例重缩放文件对象】，则打开文件的单位会自动转换为当前的系统单位；或【采用文件单位比例】转换当前的系统单位为打开文件的单位，单击【确定】即可。

图 2.9　【文件加载：单位不匹配】对话框

（3）【文件】→【打开最近】菜单，可快速找到并打开最近使用过的 3ds Max 场景文件。

2.1.4　3ds Max 文件的保存

3ds Max 文件保存同新建、打开的操作方式类似：选择【保存】菜单，或使用组合键【Ctrl+S】，或应用【另存为】菜单，都可以打开【文件另存为】对话框，如图 2.10 所示。在对话框中输入文件名、保存路径及保存类型后，单击【保存文件】按钮即可。

图 2.10　【文件另存为】对话框

小提示

（1）实际设计工作中，应把做出的三维场景及时存盘，在操作中不断应用 CTRL+S 保存文件，防止停电、设备损坏或系统出现故障等情况，造成文件丢失，并做好文件备份。

（2）【保存副本为】，可以将当前已经保存的文件保存为另外一个备份。

（3）【保存选定对象】，将当前场景中的单个或一组模型保存为单个文件。此命令可方便地将当前选定的三维模型生成一个文件，加入三维模型库中。

（4）3ds Max2020 保存的文件格式，可以保存为 2017、2018 等低版本。

2.1.5　3ds Max 文件的导入

在制作建筑设计、展示设计及室内设计等三维效果图时，通常需要导入 AutoCAD 软件制作的施工图，作为 3ds Max 建模的参考。具体操作技法如下。

（1）打开 3ds Max2020 中文版程序后，选择【文件】→【导入】→【导入】菜单，打开【选择要导入的文件】对话框，如图 2.11 所示。

图 2.11　通过【选择要导入的文件】对话框导入外部文件

（2）在对话框中选择要导入的文件的类型及名称后，单击【打开】按钮，会出现【导入选项】对话框，如图 2.12 所示。在对话框中设置导入文件的相关参数，单击【确定】，即可将外部文件导入场景中。

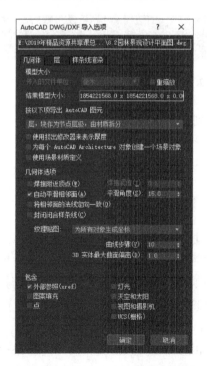

图 2.12　通过【导入选项】对话框设置导入外部文件的参数

27

2.1.6 3ds Max 文件的合并

在实际工作中，将常用的模型导入新创建的 3ds Max 三维场景，可以节省大量的操作时间，提高工作效率。

（1）打开 3ds Max2020 中文版程序后，选择【文件】→【导入】→【合并】菜单，打开【合并文件】对话框，如图 2.13 所示。

图 2.13 通过【合并文件】对话框合并文件

（2）在对话框中找到合并文件的路径及名称，单击【打开】，就会弹出【合并】对话框，选择全部导入所有物体或导入需要的物体，合并物体的类型等，单击【确定】即可将选择的文件合并到当前的场景中，如图 2.14 所示。

2.1.7 3ds Max 文件的替换

在实际工作中，通过"替换"命令，将场景中的物体替换成另一个场景中拥有相同名称的物体。"替换"对话框与"合并"对话框的外观和功能均相同，不同的是它只列出与当前场景中的物体有相同名称的物体。

（1）打开 3ds Max2020 中文版程序后，选择【文件】→【导入】→【替换】菜单，打开【替换文件】对话框，如图 2.15 所示。

（2）选择一个存在相同名称的文件后，出现【替换-当前文件名称】的对话框，选择替换的物体，如图 2.16 所示。

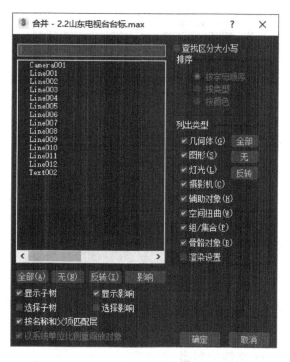

图 2.14　通过【合并】对话框确定合并物体

图 2.15　通过【替换文件】对话框替换物体

（3）点击【确定】，系统会弹出是否要与对象一起替换材质的提示信息，根据情况自行选择即可。

图 2.16 通过【替换−8.2 雾效场景 2.max】对话框替换物体

2.1.8 3ds Max 文件的导出

在 3ds Max 中可以将当前的场景文件输出为其他格式的文件。具体操作技法如下。

（1）打开 3ds Max2020 中文版程序后，选择【文件】菜单→【导出】→【导出】菜单，打开【选择要导出的文件】对话框，如图 2.17 所示。

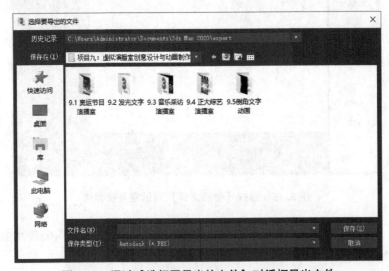

图 2.17 通过【选择要导出的文件】对话框导出文件

（2）在对话框中设置要导出的文件的保存路径、类型及名称后，单击【保存】按钮，会出现【FBX 导出】对话框，如图 2.18 所示。

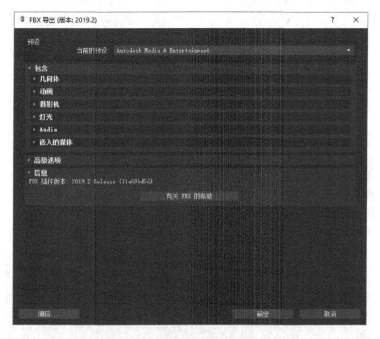

图 2.18　通过【FBX 导出】对话框导出文件

（3）在对话框中设置导入文件的相关参数或选择默认设置，单击【确定】按钮，即可将 3ds Max 文件导出到指定位置。

2.1.9　3ds Max 文件的自动备份

在实际制作设计效果图时，有时会发生停电或电脑软硬件的一些故障等情况，这时，文件的自动备份功能就会显得非常重要。

选择 3ds Max 菜单栏中的【自定义】→【首选项】命令，打开【首选项设置】对话框中，选择【文件】选项卡，在【自动备份】选项组中，设置备份的数量、间隔及名称，系统即会按照设置好的参数自动备份 3ds Max 文件，如图 2.19 所示。

2.1.10　3ds Max 程序的退出

单击菜单栏【文件】菜单→【退出】命令，或单击工作界面标题栏右上角的【关闭】按钮"×"，都可以退出 3ds Max 程序。

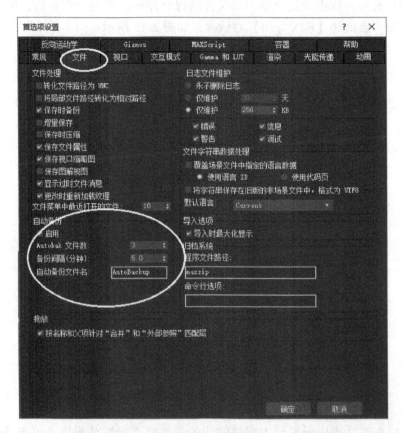

图 2.19　通过【文件】选项卡设置文件自动保存参数

小提示

退出 3ds Max 程序时，如创建的场景文件或操作步骤未保存，系统会弹出图 2.5 所示的对话框，提示场景已经修改，是否需要保存更改。这时一般需要先保存文件再退出。

2.2　3ds Max2020 中文版基础操作命令

3ds Max2020 中文版常用的的基础操作命令包括物体的选择、移动、旋转、复制、缩放、捕捉、对齐、镜像及阵列等，下面就一一介绍常用的操作技法。

2.2.1　物体的轴心点

在移动、旋转及缩放等实际操作中，有时会遇到变化物体轴心的地方，物体的轴心有使用轴点中心、使用选择中心和使用变换坐标中心三种方式，如图 2.20 所示。

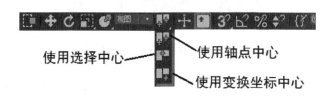

图 2.20　轴心点

使用轴点中心：围绕物体底部进行旋转和缩放等操作。

使用选择中心：可以围绕物体中部进行旋转和缩放等操作。

使用变换坐标中心：可以围绕坐标系的中心点进行旋转和缩放等操作。

2.2.2　物体的捕捉设置

在移动、旋转、缩放及对齐等实际操作中，有时会遇到需要捕捉物体的轴心或中心的情况，捕捉模式有维度捕捉、微调器捕捉、百分比捕捉及角度捕捉四种模式，维度捕捉又包含 2D 捕捉、2.5D 捕捉及 3D 捕捉，如图 2.21 所示。

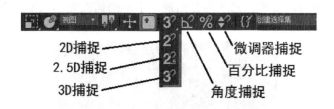

图 2.21　捕捉模式

利用鼠标可以直接捕捉到视图中的任何几何体及栅格，下面主要介绍常用的维度捕捉模式。

（1）2D 捕捉：只适用于在启动网格上进行对象的捕捉，一般忽略其在高度方向上的捕捉；一般在实际操作中，经常用于平面图形和二维图形的捕捉，如图 2.22 所示。

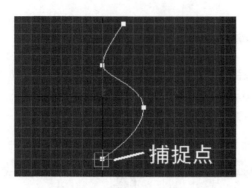

图 2.22　创建二维图形时的捕捉

（2）2.5D 捕捉：是一个介于二维与三维之间的捕捉工具。不仅能捕捉到当前平面上的点与线，也可以捕捉到各个顶点与边界在某一个平面上的投影，2.5D 捕捉适用于勾勒三维对象的轮廓。

（3）3D 捕捉：可以在三维空间中捕捉到相应类型的对象，能直接捕捉到视图中的任何几何体。

（4）角度捕捉：设置物体旋转时的角度间隔，使物体按固定的增量进行旋转。

（5）百分比捕捉：设置缩放和挤压时的百分比间隔，使比例缩放按固定的增量进行。

（6）微调器捕捉：单击微调器箭头参数，会按固定增量增加或减少。

捕捉工具的使用方式如下。

（1）单击 3ds Max2020 中文版主工具栏上的捕捉开关按钮；或按键盘的 S 键，都可以启用捕捉模式，视图内会出现十字形的捕捉光标，如图 2.23 所示。

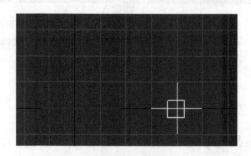

图 2.23　捕捉光标

（2）右键单击捕捉开关按钮，系统会弹出【栅格和捕捉设置】对话框，如图 2.24 所示。在对话框内设置捕捉的点的类型，点击关闭按钮"×"即可。

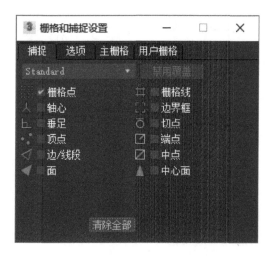

图 2.24　【栅格和捕捉设置】对话框

（3）在【栅格和捕捉设置】对话框中，选择【选项】选项卡中，可以在标记选项栏中设置捕捉记号的大小，或改变其颜色，如图 2.25 所示。

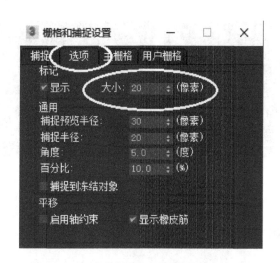

图 2.25　通过【选项】设置捕捉标记的大小

2.2.3　设置视图的栅格

右键单击捕捉开关按钮 3°，系统将弹出【栅格和捕捉设置】对话框，在 3ds Max【主栅格】选项卡中，如图 2.26 所示。

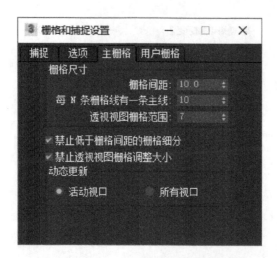

图 2.26　通过【主栅格】设置栅格间距

在栅格尺寸选项栏中设置 4 个视图区中栅格的大小，如图 2.27 所示栅格间距为 10、30 的情况。

图 2.27　不同间距的栅格

2.2.4　物体的选择方式

在制作 3ds Max 三维效果图或动画时，都需要选用鼠标选中某个或多个物体，选择物体的工具是选择工具，3ds Max 有两个选择工具，一个是选择工具 ，另外一个是选择并移动工具 ，在实际工作中，常用的是选择并移动工具，比较方便。

单击 3ds Max2020 主工具栏上的选择按钮 ，鼠标就会变成选择的指针形状，在任意视图中将光标移到要选择的物体上，光标变成小十字叉时，这时直接单击或框选想要选择的物体就可以了，选定物体的线框变成白色，如图 2.28 所示。

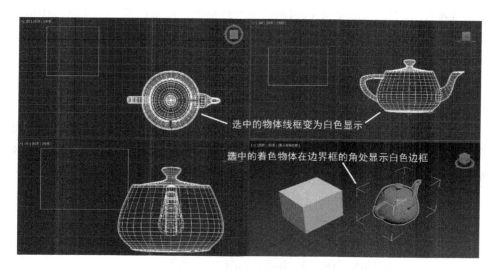

图 2.28　选中的物体线框变成白色

（1）选择单个物体。选择单个物体非常简单，使用选择工具或选择并移动工具，将光标移到要选择的物体上，光标变成小十字叉时，直接点击即可。

（2）选择多个物体，选择多个物体有多种方法。

①框选：使用使用选择工具或选择并移动工具，按住鼠标左键，在将要选定物体的外围从左上角到右下角拉出一个矩形框，释放鼠标，矩形框内及被矩形框接触到的物体会全部选中，而矩形框外的物体则未被选中，如图 2.29 所示。

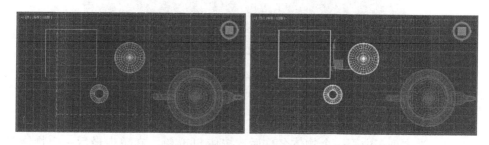

图 2.29　通过矩形框选中物体

②按住 Ctrl 键，同时单击视图中物体，也可以逐一选中所需物体。

小提示

如果想要取消选择，在视图的空白处单击鼠标左键，即可取消全部的选择状态；或按住 Alt 键，同时单击视图中已选中的物体，也可以减去一个已选中的物体；或按住 Alt 键，同时在视图中按住鼠标左键拉出一个矩形框，就可以同时减去多个已经选中的物体。

2.2.5 按名称选择对话框选择物体

当一个场景中有几十甚至几百个物体时，物体之间互相重叠或遮挡，这时使用选择工具则无法快速准确地选中需要的物体，就可以查找物体的名称来进行选择，这种选择方式快捷准确，在进行复杂场景的操作时非常实用。

（1）单击主工具栏上的【按名称选择】按钮 ；或使用快捷键 H，打开【从场景选择】对话框。

（2）在对话框列表中，单击物体名称或输入物体的名称都可以指定将要选择的物体，选中后单击【确定】即可，如图 2.30 所示。

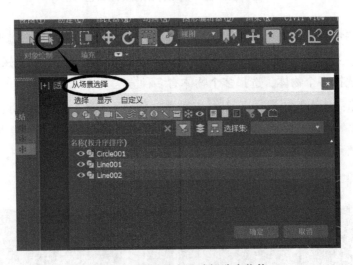

图 2.30　通过按名称选择选中物体

小提示

（1）选中列表中第一个物体名称后，按住 Shift 键，在单击最后一个物体名称，则会选中所有物体。

（2）在复杂的场景中，一定要为物体指定一个非常具有代表性的名称，以便选择时更容易识别。

2.2.6　选择区域

3ds Max 选择命令要受到选择区域的影响，选择区域有 5 种不同形状，单击工具栏中的矩形选择区域按钮 ▓，按住鼠标不放，则弹出这 5 种形状的选择区域，如图 2.31 所示。

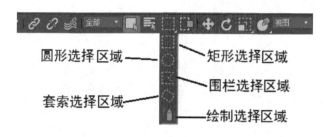

图 2.31　3ds Max 主工具栏上 5 种选择区域

（1）矩形选择区域 ▓：3ds Max2020 系统默认的是矩形选择区域，是使用最多的一种选择区域。使用技法是：在交叉模式 ▓ 下，将矩形选择区域至于当前，在视图中按住鼠标左键，拉出一个矩形框，框选要选择的对象，松开鼠标，矩形框选中的物体对象被选择。如图 2.37、2.38 所示。

（2）圆形选择区域 ▓：该选择方式和矩形选择区域使用方法相同，区别之处仅仅在于使用圆形选择区域按钮将会在视图中拉出一个圆形框选区域，如图 2.32 所示。

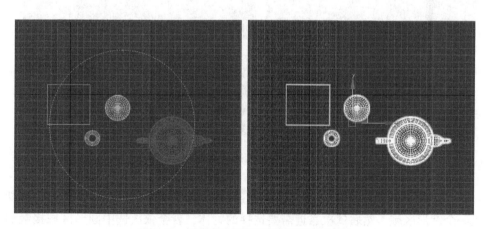

图 2.32　通过圆形选择区域工具选择物体

（3）围栏选择区域▦：在交叉模式▦下，将围栏选择区域置于当前，在视图内单击鼠标，不断拉出直线围成一个多边形区域，结束时在末端双击鼠标左键，就可以完成区域选择，如图 2.33 所示。

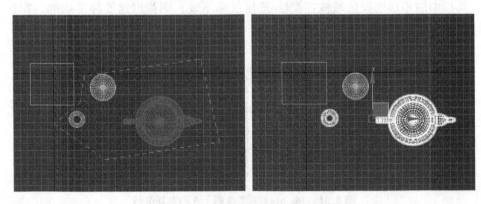

图 2.33　通过围栏选择区域工具选择物体

（4）套索选择区域▦：在交叉模式▦下，将套索选择区域至于当前，在视图内单击并拖动鼠标左键，绘制一个不规则的区域，结束时在末端双击鼠标左键，就可以完成区域选择，如图 2.34 所示。

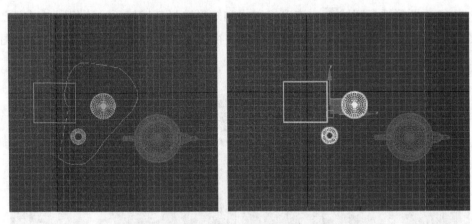

图 2.34　通过套索选择区域工具选择物体

（5）绘制选择区域▦：在交叉模式▦下，按住鼠标左键不放，鼠标会自动成一个圆形区域，然后依次靠近需要选择的物体，就会依次选中圆形区域接触到的物体，如图 2.35 所示。

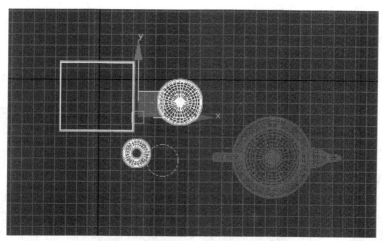

图 2.35　通过绘制选择区域工具选择物体

2.2.7　窗口/交叉控制工具

3ds Max 区域选择方法还受到工具栏中的窗口/交叉控制工具的影响，在实际应用中，窗口/交叉工具需要与 5 种选择区域工具配合使用，才能随心所欲地选择所需物体，如图 2.36 所示。

图 2.36　窗口/交叉工具

（1）窗口：当使用矩形选择区域或其他任意一个框选方式时，只有完全被虚线框包含在内的物体才被选择，部分在虚线框内的物体将不被选择，如图 2.37 所示。

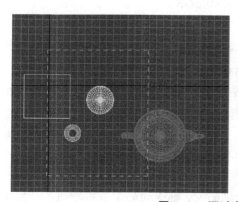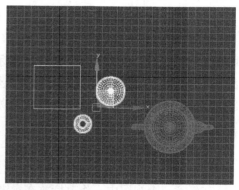

图 2.37　通过窗口模式选择物体

（2）交叉 ██：当使用矩形选择区域或其他任意一个框选方式时，虚线框之内及被虚线框所碰触到的所有物体都会被选择，如图 2.38 所示。

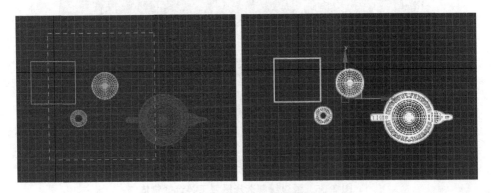

图 2.38　通过交叉模式选择物体

2.2.8　物体的移动

在实际操作中，移动命令是使用最多的命令，单击主工具栏上的选择并移动按钮 ██，或使用快捷键 W，都可选择并移动命令按钮，如图 2.39 所示。

图 2.39　移动工具

3ds Max 有水平移动、垂直移动、上下移动、任意方向及精确移动等几种移动方式，移动物体时一般要配合物体的操纵轴来进行，先定义物体的坐标系和坐标轴向，再根据需要进行移动操作，如图 2.40 所示。

（1）水平移动物体

单击 3ds Max 主工具栏中的选择并移动按钮 ██，在视图中单击选择物体，此时被选中的物体上会出现操纵轴，将光标移到 X 轴上，X 轴上的轴会变成黄色，表示目前的操作时按照 X 轴方向移动，是水平移动，光标会相应地变成移动状态，按住鼠标左键不放，向左或右拖拽物体，就可移动物体到一定的位置。

（2）垂直移动物体

与水平移动物体操作方法一致，唯一不同在于沿着 Y 轴移动。

（3）在水平面上移动物体

在任意一个视图中，将鼠标放在操纵轴的 XY 轴之间的正方形按钮上，等正

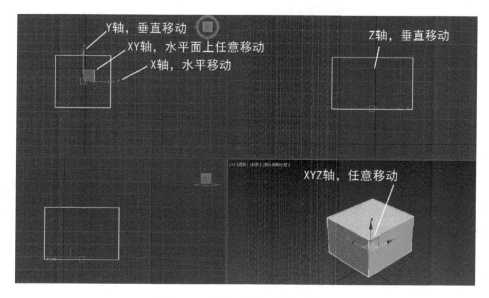

图 2.40　移动工具的几种移动方式

方形变成黄色，光标会相应地变成移动状态，按住鼠标左键不放，向上下、左右或任意位置拖拽物体，就可移动物体到水平面上的任意位置，如图 2.41 所示。

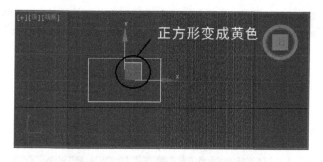

图 2.41　通过 XY 轴在水平面上移动物体

（4）任意移动物体

在透视图、摄像机视图或正交视图中，将鼠标放在物体上，按住鼠标左键不放，向任意位置拖拽物体，就可移动物体到任意位置。

（5）精确移动

在选择并移动工具的按钮 上，按下鼠标右键，就可以打开【移动变换输入】对话框，在对话框中的偏移方式：在屏幕选项中的 X、Y 或 Z 中，输入相应的移动距离，物体就会按照输入的数值进行精确移动，如图 2.42 所示。

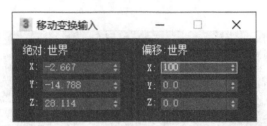

图 2.42　通过【移动变换输入】对话框精确移动物体

小提示

（1）【移动变换输入】对话框中，绝对：世界中数值表示为物体当前所在的 X、Y、Z 轴位置；一般使用在偏移：世界中输入要移动的目标位置，这种方式比较直观，易于掌握。

（2）按键盘中的 "X" 键可以隐藏和显示操纵轴；按键盘上的 "−" 和 "+" 键，可以调节操纵轴的显示大小。

2.2.9　物体的旋转

在实际操作中，旋转是使用频率也挺高，单击主工具栏上的选择并旋转按钮 ，就可以选择并旋转物体，如图 2.43 所示。

图 2.43　旋转工具

3ds Max 有绕 X 轴旋转、绕 Y 轴旋转、绕 Z 轴旋转、绕视图平面上旋转、任意旋转及精确旋转等几种旋转方式，旋转物体时一般也要配合物体的操纵轴来进行，先定义物体的坐标系和坐标轴向，再根据需要进行旋转操作，如图 2.44 所示。

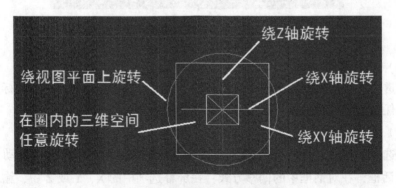

图 2.44　顶视图的几种旋转方式

（1）绕 X 轴旋转物体

单击选择并旋转按钮 ，在视图中单击选择物体，此时被选中的物体上会出现操纵轴，光标会相应地变成旋转状态，将光标移到 X 轴上，X 轴上的轴会变成黄色，表示目前的操作时绕 X 轴方向旋转，按住鼠标左键不放，旋转物体即可。

（2）绕 Y、Z 轴旋转物体

与绕 X 轴旋转物体操作方法一致，唯一不同在于绕着 Y、Z 轴旋转。

（3）绕视图平面上旋转物体

在任意一个视图中，将鼠标放在操纵轴最外圈的灰色线圈上，光标会相应地变成旋转状态，单击灰色线圈并按住鼠标左键不放，灰色线圈变成黄色，向上下、左右或任意位置拖拽鼠标，就可旋转物体。

（4）任意旋转物体

在任意视图中，将鼠标放在物体操纵轴的内圆的区域内，在圈内的任意位置，按住鼠标左键不放，就可在三维空间内任意旋转该物体。

（5）精确旋转

在选择并旋转工具的按钮 上，按下鼠标右键，就可以打开【旋转变换输入】对话框，在对话框中的偏移：屏幕选项中的 X、Y 或 Z 中，输入相应的旋转角度，物体就会按照输入的数值进行精确旋转，如图 2.45 所示。

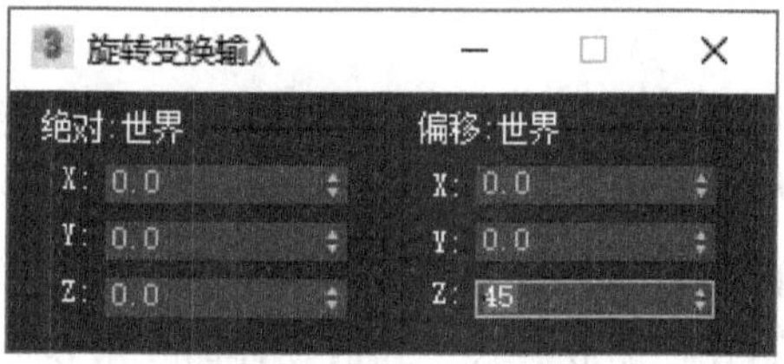

图 2.45　通过【旋转变换输入】对话框精确旋转物体

小提示

（1）红、绿、蓝三种颜色分别对应 X、Y、Z 三个轴向，黄色表示当前操纵的轴向。

（2）按住鼠标左键旋转物体时，会显示出扇形的角度，正向轴还可以看到切线和角度数据标识，这可以作为旋转值的参考。

2.2.10　物体的缩放

在实际操作中，缩放工具也是使用较多的工具，单击主工具栏上的【选择】

并缩放按钮![icon]，就可以选择并缩放物体。3ds Max2020 有选择并均匀缩放、选择并非均匀缩放、选择并挤压三种缩放方式，分别具有不同的功能，如图 2.46 所示。

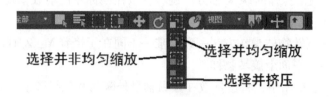

图 2.46　缩放工具的三种缩放方式

（1）选择并均匀缩放![icon]：物体以自身的中心为缩放中心进行比例放大或缩小。

（2）选择并非均匀缩放![icon]：在一个轴上拖动或拖动平面控制控制柄，物体将只扩大或缩小所选择拖动的那面。

（3）选择并挤压![icon]：在一个轴上按比例缩小或放大，同时在另两个轴上均匀地按比例增加或缩小，对象的原始体积不变。一般常用于动画制作中的"挤压和拉伸"样式动画的不同相位。

小提示

在实际应用中，一般使用第一种选择并均匀缩放方式配合操纵轴来进行物体的缩放。

3ds Max 有绕 X 轴缩放、绕 Y 轴缩放、绕 Z 轴缩放、绕视图水平面上缩放、任意缩放及垂直缩放等几种缩放方式，缩放物体时一般也要配合物体的操纵轴来进行，先定义物体的坐标系和坐标轴向，再根据需要进行缩放操作，如图 2.47 所示。

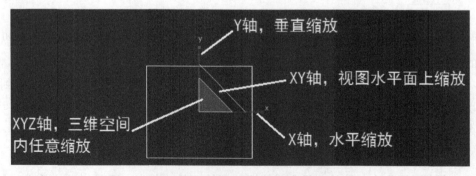

图 2.47　顶视图的几种缩放方式

（1）沿 X 轴缩放物体

单击【选择】并缩放按钮，在视图中单击选择物体，此时被选中的物体上会出现操纵轴，光标会相应地变成缩放状态，将光标移到 X 轴上，X 轴上的轴会变成黄色，表示目前的操作时沿 X 轴方向缩放，按住鼠标左键不放，即可上下缩放物体。

（2）沿 Y、Z 轴缩放物体

与沿 X 轴缩放物体操作方法一致，唯一不同在于沿着 Y、Z 轴缩放。

（3）沿视图平面上缩放物体

在任意一个视图中，将鼠标放在操纵轴的 XY 轴之间的多边形区域内，光标会相应地变成缩放状态，单击多边形区域并按住鼠标左键不放，多边形区域变成黄色，沿视图的水平面拖拽鼠标，就可缩放该物体。

（4）任意缩放物体

在任意视图中，将鼠标放在物体操纵轴的三角形区域内，在三角形区域内的任意位置，按住鼠标左键不放，就可在三维空间内任意缩放该物体。

（5）精确缩放

在选择并旋转工具的按钮 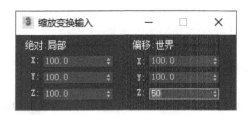 上，按下鼠标右键，就可以打开【缩放变换输入】对话框，在对话框中的偏移：屏幕选项中的 X、Y 或 Z 中，输入相应的缩放角度，物体就会按照输入的数值进行各种精确缩放，如图 2.48 所示。

图 2.48　通过【缩放变换输入】对话框精确缩放物体

2.2.11　物体的复制

在实际操作中，有许多重复的模型或物体可以复制，以提高工作效率，节约作图时间。

选择 3ds Max2020 中文版的菜单栏【编辑】→【克隆】命令；或复制时选择移动工具按钮 ，按住 Shift 键，移动鼠标，都可打开【克隆选项】对话框，在对话框内设置复制方式、复制的数量，也可以设置复制物体的名称，点击【确定】即可，如图 2.49 所示。

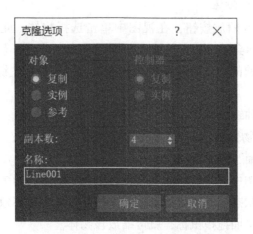

图 2.49　【克隆选项】对话框

【克隆选项】对话框中的相关选项介绍如下。

（1）复制：仅是单纯地复制操作，复制后的物体与原物体没有关系，不会随着原物体的变化而变化。

（2）实例：被复制出来的物体和原物体之间存在相互关联，无论改变复制物体或原物体的属性，另一个物体也跟着同时改变，二者互相关联。

（3）参考：被复制出来的物体会随原物体的改变而改变，但它不能影响原物体的属性。

（4）副本数：指复制出来的物体的数量。

2.2.12　物体的镜像

在实际操作中，有许多重复的模型或物体可以复制出来，除了复制命令及快捷键外，3ds Max2020 物体的镜像复制也是一种物体的复制方式，能模拟现实中的镜面效果，将物体进行镜像转换，或创建出相对于当前坐标系统对称的物体副本，复制后的物体将沿着指定的轴或平面与原对象成为对称的图形。

在视图中选中镜像物体；单击 3ds Max2020 中文版主工具栏中【镜像】工具按钮，或菜单栏【工具】→【镜像】命令；都可以打开【镜像】对话框，如图 2.50 所示。在【镜像】对

图 2.50　【镜像】对话框

话框内设置镜像的轴、克隆的方式，点击【确定】即可。

【镜像】对话框中常用的选项介绍如下。

（1）镜像轴：用来设置物体镜像的轴或者平面。

（2）偏移：设定镜像物体偏移原物体轴心点的距离，即原物体与镜像物体之间的距离。

（3）克隆当前选项：用来控制物体是否复制、以何种方式复制；默认的"不克隆"方式，仅翻转物体而不复制物体。

2.2.13　物体的阵列

3ds Max 复制物体的方式，除了克隆、快捷键 Shift 及镜像工具外，阵列也是一种物体的复制方式，使用阵列操作命令，能够轻易、快速、同步实现物体多方向、多数量的复制。

在视图中选中阵列物体，单击菜单栏【工具】→【阵列】命令，打开【阵列】对话框，如图 2.51 所示。在【阵列】对话框内设置相关的参数，点击【确定】即可。

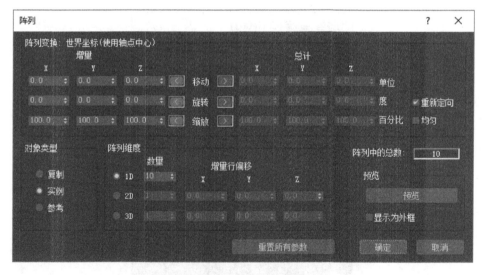

图 2.51　【阵列】对话框

【阵列】对话框中常用的选项介绍如下。

（1）总计：用来设置物体移动、旋转或缩放的参数。

（2）对象类型：用于设定物体复制的类型。

（3）阵列维度：用来控制物体的复制维度。

（4）增量行偏移：用来设定物体的复制距离。

2.2.14 物体的对齐

可以准确而快速地将指定的物体按照一定的方向对齐。对齐有对齐、快速对齐、法线对齐、放置高光、对齐摄像机及对齐到视图几种方式，常用的是对齐与快速对齐，如图 2.52 所示。

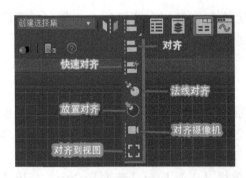

图 2.52 几种对齐方式

在视图中选中一个物体；单击主工具栏中【对齐】工具按钮，或菜单栏【工具】→【对齐】命令；都可以打开【对齐】对话框，如图 2.53 所示。在对话框中设置好对齐的方向后，单击

【确定】按钮，即可完成物体的对齐操作。

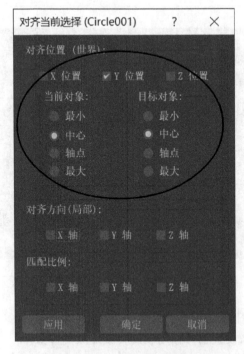

图 2.53 【对齐】对话框

【对齐】对话框中常用的选项说明如下。

（1）对齐位置：X 位置、Y 位置、Z 位置用于确定物体沿 3ds Max 世界坐标系中哪条约束轴与目标物体对齐。

（2）当前对象和目标对象："最小"表示将原物体的对齐轴负方向的边框与目标物体中的选定成分对齐；"中心"表示将原物体与目标物体按几何中心对齐；"轴点"表示将原物体与目标物体按轴心对齐；"最大"表示将原物体对齐轴正方向的边框与目标物体中的选定成分对齐。

小提示

在视图中选择要对齐的一个或多个物体，然后单击 3ds Max 主工具栏中的【快速对齐】工具按钮，在视图中单击目标物体，即可完成快速对齐操作。其他几种对齐操作在实际中应用不是太多，就不再详细介绍了。

2.2.15　物体的显示和隐藏

显示和隐藏物体命令可以控制 3ds Max 场景中的任意单个或多个选择物体的显示，隐藏后选择物体将不再场景中显示，不仅使得选择其余物体时更加快速、简单，还可以提高系统的性能，提高工作效率。

（1）按类别隐藏

单击 3ds Max2020 中文版工作界面右侧的【显示】按钮，打开【显示】命令面板，出现【按类别隐藏】卷展栏，如图 2.54 所示。勾选想要隐藏的物体，即可隐藏场景中的该类别的所有物体。

图 2.54　通过【显示】命令面板按类别隐藏物体

小提示

在【显示】命令面板中，选择【全部】是隐藏场景中的全部物体；【无】是取消隐藏场景中的全部物体；【反转】是隐藏场景中的全部可见物体，取消隐藏当前隐藏的所有物体。

（2）隐藏物体

单击 3ds Max 工作界面右侧的【显示】按钮 ，打开【显示】命令面板，出现【隐藏】卷展栏，如图 2.55 所示。该命令可以根据实际需要将场景中的物体进行隐藏或取消隐藏。

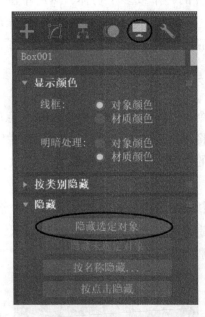

图 2.55　通过【显示】命令面板隐藏物体

在场景中选择将要隐藏的物体后，在【隐藏卷展栏】中，点击【隐藏选定对象】，即可将选定的物体隐藏，不在场景中显示，同时【全部取消隐藏】变为可用状态；点击【全部取消隐藏】，即可取消已经隐藏的物体的隐藏状态，重新显示在场景中，二者相互配合应用。

2.2.16　物体的冻结和解冻

冻结和解冻物体命令可以控制 3ds Max 场景中的任意单个或多个选择物体的显示，物体冻结后仍然显示在场景中，以深灰色显示，但是不能被选择或编辑，可以防止物体被意外修改，也可以提高系统性能，提高绘图速度，在制作大型场景中比较实用。

单击 3ds Max 工作界面右侧的【显示】按钮，打开【显示】命令面板，出现【冻结】卷展栏，如图 2.56 所示。该命令可以根据实际需要将场景中的物体进行冻结或取消冻结。

图 2.56　通过【显示】命令面板冻结物体

在场景中选择将要冻结的物体后，在【冻结】卷展栏中，点击【冻结选定对象】，即可将选定的物体隐藏，不能被选择或编辑，同时【全部解冻】变为可用状态；点击【全部解冻】，即可取消已经冻结的物体冻结状态，可以被选择或编辑，二者相互配合应用。

2.2.17　物体的成组

物体成组命令可以将一个类别的模型进行群组，有利于场景模型的管理。

选中 3ds Max 场景中需要成组的物体，单击菜单栏的【组】→【组】命令，打开【组】对话框，输入成组物体的名称即可，如图 2.57 所示。

如取消成组，选择解组命令即可；如想临时对组内物体进行编辑，可以选择打开命令，就可以临时打开组，编辑后选择关闭组命令即可。

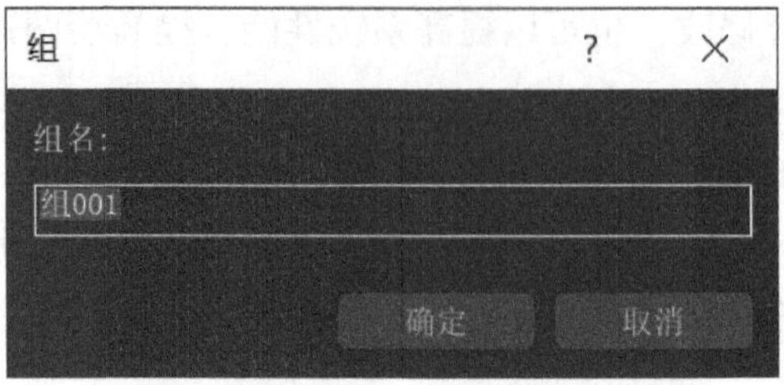

图 2.57　通过【组】对话框设置组

2.3　3ds Max 基本制作流程

使用 3ds Max 进行设计效果图的制作时，一般都是按照一定的程序来进行，各操作步骤可以先后相互穿插，在设计操作中应按照实际情况灵活运用，这样有助于提高工作效率。3ds Max 基本制作流程一般分为制作前准备、制作、后期处理等环节。

2.3.1　制作前准备阶段

（1）设置效果图制作的操作环境

设置好 3ds Max 的系统单位及捕捉等操作环境，特别是在制作建筑设计及室内设计等效果图的过程中，系统单位的设置更加重要，可以使所建立的物体以特定的单位呈现在操作界面中，能极大提高工作效率。

（2）建立文件的存储路径

建立文件的存储路径，以规范的名称和结构，存储模型、材质和其他图像等文件，在以后的操作中可以方便地查找和调用所需要的文件，提高工作效率。

（3）建立并完善二维材质库

3ds Max 模型需要不同的贴图，才能变得美观，因此通过网上收集大量精美的图片，按照一定的门类分类，保存到二维材质库中，以便随时调用，这是制作过程中不可或缺的一环。

（4）收集优秀设计素材

收集知名设计师的优秀设计素材，将专业设计与电脑操作良好地结合，提高专业设计综合水平。

2.3.2　制作阶段

（1）创建三维模型

创建场景中的三维模型是制作 3ds Max 效果图最基本的一步，如果模型创建质量不高，后续操作中会遇到很多麻烦，极可能会出现穿帮、漏光现象、阴影显示不正确及贴图位置不容易控制等情况，如图 2.58 所示，建立好的场景三维模型。

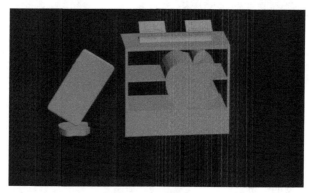

图 2.58　创建模型

（2）设置摄像机

摄像机的设置是为了能寻找到表现场景物体的最佳角度，如图 2.59 所示摄像机视图。

图 2.59　设置摄像机

（3）赋予场景模型美丽的材质与贴图

创建好场景中的三维模型后，就需要给模型赋予不同的材质与贴图，来模拟真实世界中的物体质感与纹理，以达到更加逼真的效果；材质和贴图表现得好与坏，会直接影响模型的表面质感及效果，如图 2.60 所示赋予模型材质与贴图后的效果。

图 2.60　赋予模型材质与贴图

（4）为场景添加灯光

当模型与材质都准备完善后，就需要模拟自然场景的灯光效果为场景添加灯光，灯光的调节是效果图制作中的难点，灯光效果需要与材质配合，经多次调节后才能达到理想效果。

（5）渲染输出

渲染输出是效果图制作的最后一步，在渲染设置中设置效果图的尺寸、保存路径、名称等，就可以渲染出成品效果图，渲染最终效果如图 2.61 所示。

图 2.61　设置灯光

2.3.3　后期处理阶段

渲染输出后的静态效果图，一般与 PhotoShop 等软件结合，在 PhotoShop 中进行后期图片的修饰与处理，添加植物、动物及一些图片等操作，使效果图画面达到最佳效果，最终效果如图 2.62 所示。

图 2.62　在 PhotoShop 中后期处理

2.4　本章小结

本章内容主要是文件的新建、打开、保存等基础操作命令；重点学习物体的选择、移动、旋转、缩放、捕捉、对齐、镜像、阵列等操作技巧；学习者应课下多加练习 3ds Max 基础操作命令，了解三维动画的制作流程，熟练掌握 3ds Max 基础操作技能。

第3章

标准基本体与扩展基本体

本章主要介绍 3ds Max2020 中文版标准基本体与扩展基本体的建模方式，巩固文件的新建、打开、保存、退出等基础操作命令；重点学习长方体、圆球体、圆柱体等三维模型的建模方式，了解扩展基本体的建模方式，建立模型的尺寸概念，熟悉建模、摄像机、灯光、材质与贴图及渲染输出等制作流程。

3.1　3ds Max 三维模型的建立方式

3ds Max 三维模型有多种建立方式，常用的主要有标准基本体、扩展基本体、二维图形、模型修改器、复合模型、高级建模等几种方式，其中最基本的是标准基本体建模方式。

选择命令面板中的【创建】 ➕ →【几何体】 ⬤ ，单击【标准基本体】右侧的下拉按钮，在展开的下拉列表中显示了三维模型的类型，包括标准基本体、扩展基本体、复合对象等，如图 3.1 所示。

图 3.1　三维模型的命令面板

3.2　3ds Max 三维模型的操作技巧

（1）注意模型的精确度，尺寸、尺度与透视等关系与真实物体一致。

（2）满足效果的前提下，尽量减少模型的节点数、分段数。

（3）及时对场景中的群组模型命名，便于物体的选择与管理。

（4）在场景效果图制作中，模型渲染输出后看不见的部分可以不建。

3.3　3ds Max 三维模型的创建方式

3ds Max2020 中文版创建模型的方法有两种：一种是在视图操作区内拖动鼠标，这种方式可以创建出比较随意的长方体；另一种是键盘输入参数，这种方式用于创建精确的模型。

3.3.1　使用键盘输入模型参数的创建方式

（1）在 3ds Max 工作界面右侧命令面板中，选择【创建】 ➕ →【几何体】

⬤ → 茶壶 ，命令面板的下面会出现茶壶的相关参数，如图 3.2 所示。

图 3.2　选择茶壶创建命令

（2）单击【▶】按钮，展开【键盘输入】展卷栏，在参数栏内输入相应的参数设置，然后单击【创建】按钮，即可在视图中创建出所要的茶壶三维模型，如图 3.3 所示。

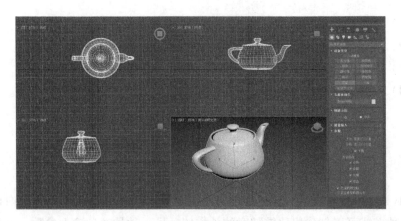

图 3.3　使用键盘输入参数创建茶壶

3.3.2　使用鼠标拖动的创建方式

（1）在 3ds Max 工作界面右侧命令面板中，选择【创建】✚→【几何体】⬤→茶壶；

（2）在除了透视图之外的任一视图中按住鼠标左键不放并向外拖动鼠标，即可创建一个大约尺寸的茶壶。

小提示

在实际操作中，一般都使用鼠标拖动的方式创建三维模型，在创建出一个基本模型后，在打开【修改】🖉面板，在修改面板中可以非常方便地修改物体的相关参数，创建出精确尺寸的三维模型，这种方式比较直观、方便。

3.4　3ds Max 的标准基本体

3ds Max 的标准基本体是三维模型最基本的模型建立方式，选择命令面板中的选择【创建】✚→【几何体】⬤，显示系统默认的创建标准基本体的命令面板，如图 3.4 所示。

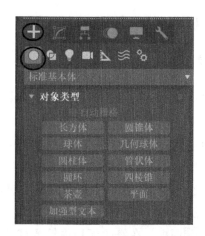

图 3.4　标准基本体命令面板

标准基本体共包括长方体、球体、圆锥体、几何球体、圆柱体、管状体、圆环、四棱锥、茶壶、平面和加强型文本共 11 种类型，常用的是长方体、球体、圆柱体，下面就重点介绍这 3 种操作方式。

3.4.1　长方体的创建

使用长方体创建命令可以创建任何长度、宽度和高度的普通长方体或正方体。长方体的创建采用在视图区先用鼠标拖动的方式建立一个大约尺寸的模型，然后在打开修改器，精确修改模型的参数；在本书的操作中，如无特殊说明，都采用这种模型创建操作方式。

在视图工作区内拖动鼠标创建长方体的方法如下。

（1）在 3ds Max 工作界面右侧命令面板中，选择【创建】　→【几何体】　→ 长方体 。

（2）在除了透视图之外的任一视图中按住鼠标左键不放并沿对角线方向拖动鼠标，确定长方体的长度和宽度后释放鼠标左键。

（3）继续拖动鼠标，确定长方体的高度，然后再次单击鼠标左键，完成长方体的创建操作，就可以创建出一个大约尺寸的长方体。

（4）打开【修改】　面板，在修改面板中输入长方体的相关参数，即可创建出精确尺寸的长方体。

　小提示

长方体的长度分段、宽度分段、高度分段，是设置沿着模型每个轴向的分段数量，只有在特殊情况下才会使用，在一般情况下保持默认的 1 就可以，段数越多，模型的渲染速度越慢，系统的性能越低。

3.4.2 球体的创建

使用球体创建命令可以创建任何半径的圆球体。在视图工作区内拖动鼠标创建球体的方法如下。

（1）在 3ds Max 工作界面右侧命令面板中，选择【创建】 ➕ →【几何体】 ◉ ━→ 球体 。

（2）在除了透视图之外的任一视图中按住鼠标左键不放并拖动鼠标，确定球体的大小后释放鼠标左键，就可以创建出一个大约尺寸的球体。

（3）打开【修改】 ☑ 面板，在修改面板中输入球体的相关参数，即可创建出精确尺寸的球体。

小提示

（1）球体的段数越高，球体越光滑，在一般情况下保持默认的 32 就可以，段数越多，模型的渲染速度越慢，系统的性能越低。

（2）勾选【启用切片】，开启球体的切片命令，可以创建出完整的球体、半球体或球体的其他部分等，如图 3.5、图 3.6、图 3.7 所示。

图 3.5　完整的球体

图 3.6　一半的球体

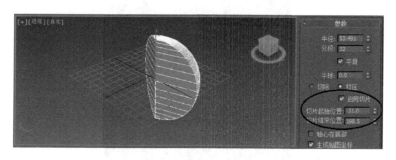

图 3.7　切片的球体

3.4.3　圆柱体的创建

使用圆柱体创建命令可以创建任何半径的圆柱体。在视图工作区内拖动鼠标创建圆柱体的方法如下。

（1）在 3ds Max 工作界面右侧命令面板中，选择【创建】 ＋ →【几何体】 ● → 圆柱体 。

（2）在除了透视图之外的任一视图中按住鼠标左键不放并沿对角线方向拖动鼠标，确定圆柱体的半径后释放鼠标左键。

（3）继续拖动鼠标，确定圆柱体的高度，然后再次单击鼠标左键，完成圆柱体的创建操作，就可以创建出一个大约尺寸的圆柱体。

（4）打开【修改】 修改 面板，在修改面板中输入圆柱体的相关参数，即可创建出精确尺寸的圆柱体。

　　小提示

圆柱体的段数与切片的使用，与长方体及球体的操作技法一致，在此就不再详述了。

3.5　3ds Max2020 的扩展基本体

3ds Max 的扩展基本体也是三维模型最基本的模型建立方式，与标准基本体的创建方式相同，但是参数更加复杂。

选择命令面板中的【创建】 ＋ →【几何体】 ● ，在下拉列表中选择扩展基本体就可以显示创建扩展基本体的命令面板，如图 3.8 所示。

图 3.8 【扩展基本体】命令面板

扩展基本体共包括异面体、切角长方体、切角圆柱体等 13 种类型，扩展基本体的创建方式与标准基本体相似，在此就不再一一介绍了。

3.6 实训项目案例制作——书桌

本章实训项目案例，利用学过的标准基本体、扩展基本体创建命令，制作一个简单的书桌。

3.6.1 创建桌面

单击【创建】→【几何体】→【标准基本体】→【长方体】按钮，在顶视图利用鼠标拖动的方式，创建一个近似形状、尺寸的长方体；单击【修改】命令面板，在【修改】命令面板中输入桌面的尺寸长度 600、宽度 1200、高度 25，使用【所有视图最大化显示】按钮 ，将桌面在四个视图中最大化地显示出来，如图 3.9 所示。

3.6.2 创建侧板

继续单击【长方体】按钮，在顶视图利用鼠标拖动的方式创建一个近似形状尺寸的长方体；单击【修改】命令面板，修改书桌侧板的尺寸长度 550、宽度 20、高度-750，并选择移动工具 ，将侧板移到合适的位置。

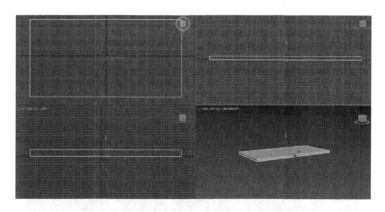

图 3.9　使用长方体创建桌面

3.6.3　为场景添加摄像机

选择创建命令面板，单击【摄影机】按钮，选择【目标】摄影机，在场景添加一架摄像机，按键盘 C 键，将透视图转换为摄像机视图，并使用移动工具调整摄像机到合适角度，使用【所有视图最大化显示】按钮，将桌面在四个视图中最大化地显示出来，效果如图 3.10 所示。

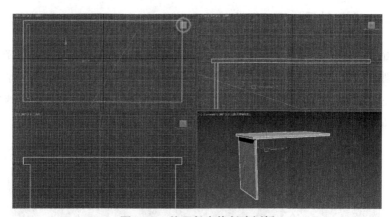

图 3.10　使用长方体创建侧板

3.6.4　创建另一侧侧板

选择移动工具，按住 Shift 键，同时向右侧拖动侧板模型 BOX002，在弹出的【克隆】对话框中，输入 2，复制出两个侧板，使用【所有视图最大化显示】按钮，将桌面在四个视图中最大化地显示出来，使用移动工具将第三块侧板移动到合适位置, 如图 3.11 所示。

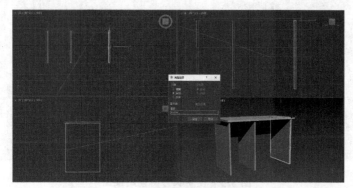

图 3.11 使用移动命令调整侧板

3.6.5 创建背板

继续单击【长方体】按钮, 在顶视图使用相同的创建方式, 创建书桌背板的尺寸长度 20、宽度 1150、高度-300, 并选择移动工具 ✛ , 将背板调整到合适的位置。

3.6.6 创建抽屉

单击【创建】→【几何体】→【扩展基本体】→【倒角长方体】按钮, 在顶视图创建一个倒角长方体作为书桌的抽屉, 在【修改】命令面板中输入抽屉的尺寸长度 520、宽度 400、高度-180、圆角 10, 并选择移动工具 ✛ , 将抽屉移到合适的位置, 完成书桌的模型创建, 如图 3.12 所示。

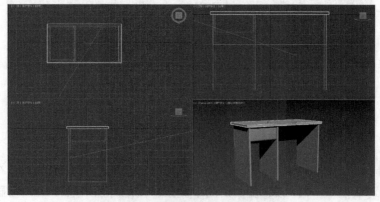

图 3.12 使用切角长方体创建抽屉

3.6.7　赋予材质

全部选中场景中创建好的书桌模型，单击工具栏上的【材质编辑器】按钮，打开材质编辑器，调整漫反射颜色、高光级别，设置好后，单击【将材质指定给选定对象】按钮，将设置好的材质赋予书桌，如图 3.13 所示。

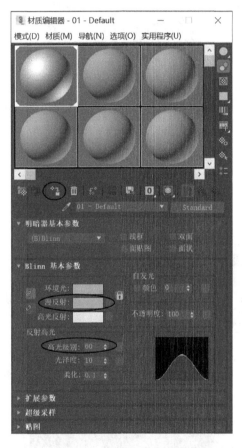

图 3.13　使用【材质编辑器】赋予书桌材质

3.6.8　为场景添加灯光

选择创建命令面板，单击【灯光】命令面板，在下拉菜单中选择【目标】，选择泛光灯，为场景添加一盏泛光灯，并使用移动工具调整泛光灯的位置，在【强度/颜色/衰减卷】卷展栏中设置倍增，在【阴影参数】卷展栏中设置阴影的颜色，如图 3.14 所示。

图 3.14　为场景添加灯光

3.6.9　渲染出图

单击工具栏中的【渲染】产品按钮场景，或按下快捷键 F9，渲染透视图，弹出【渲染】面板，如图 3.15 所示。

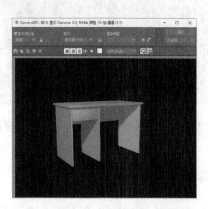

图 3.15　渲染面板

单击【渲染】面板存储按钮，将渲染出的效果图存储，弹出【保存图像】对话框，如图 3.16 所示。

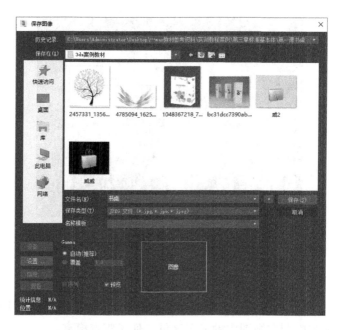

图 3.16　通过【保存图像】对话框保存效果

在【保存图像】对话框中，设置效果图的存储路径、文件名称、保存类型后，点击【保存】按钮，即可打开【JPEG 图像控制】对话框，如图 3.17 所示。

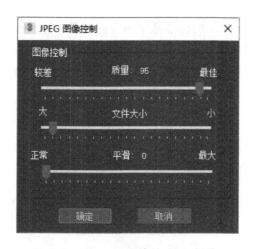

图 3.17　【JPEG 图像控制】对话框

选择默认的设置，点击【确定】按钮，即可将渲染出的效果图存储为 JPEG的格式，最终效果如图 3.18 所示。

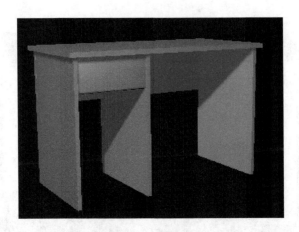

图 3.18　书桌效果

小提示

在创建三维模型的过程中，应根据实际需要，使用【所有视图最大化显示】按钮 ，来调整模型在视图中的显示区域，便于观察模型。

3.7　本章小结

本章重点介绍 3ds Max 的标准基本体与扩展基本体建模方式，学习者应掌握长方体、圆球体及圆柱体等三维模型的建模方式，了解扩展基本体的建模方式，熟悉建模、摄像机、灯光、材质与贴图及渲染输出等制作流程。

第 4 章

二维图形建模

本章主要介绍 3ds Max2020 中文版基本二维图形的创建与编辑命令，二维图形转换为三维模型的建模方式，学习 3ds Max 样条线的显示与渲染等参数设置，样条线的创建与编辑技巧，及其相加、相减、相交的运算操作命令。

4.1　二维图形基础知识

二维图形是三维模型的基础，很多的三维模型都通过二维图形转换为三维模型的方式创建出来。在使用 3ds Max 制作效果图的过程中，许多三维模型不能直接生成，需要借助于二维图形通过挤出、车削及倒角等修改器生成三维模型，这种方法适合创建一些结构复杂的三维模型。

4.1.1　二维图形的类型

单击命令面板中的【创建】 ➕ 【图形】 🖼️，单击【样条线】右侧的下拉按钮，在展开的下拉列表中显示了二维图形的类型，包括样条线、NURBS 曲线等，如图 4.1 所示。

图 4.1　二维模型的命令面板

二维图形的几种类型中，常用的是样条线，选择默认的【样条线】，在【对象类型】卷展栏中显示了二维图形的线、矩形、圆、椭圆、文字、截面等 13 种类型，如图 4.2 所示。

图 4.2　二维模型样条线的类型

在二维图形样条线的 13 种类型中，应用最多的是线、矩形、圆、文字等，下面就重点介绍这几种操作方式。

4.1.2　二维图形的组成

二维图形由一条或多条直线或曲线组成的图形，样条线也叫贝塞尔曲线，在 PhotoShop 软件中，使用路径工具创建的就是贝塞尔曲线，由顶点、线段、样条线组成，二维图形的顶点是指单独的点，线段指两个顶点之间的直线或曲线，样条线是整个图形的所有直线或曲线的总称，如图 4.3 所示。

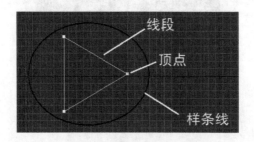

图 4.3　样条线的组成

4.1.3　二维图形的创建方式

二维图形的创建方式有以下几种。

（1）在 3ds Max2020 中的二维图形命令创建。

（2）由其他外部绘图软件 Illustrator、AutoCAD、CorelDRAW 等生成后，导入 3ds Max2020 中，将创建的矢量图形存储为"＊.ai"或"＊.dwg"的扩展名格式后，在 3ds Max 软件中，使用【文件】→【导入】命令，即可将其他格式文件导入当前的 3ds Max 场景中，然后执行相关编辑。

（3）通过截三维模型的剖面得到一个新的二维剖面图形。

4.1.4　二维图形的作用

（1）生成旋转的剖面。

（2）生成挤出的物体。

（3）生成面片和较薄的 3D 曲面。

（4）作为复合模型中放样的路径和图形，或拟合曲线。

（5）生成物体运动的路径。

4.1.5　二维图形的操作方法

（1）先绘制一个基本的二维图形。

（2）将图形转换为可编辑样条线。

（3）编辑、修改样条线。

（4）应用挤出、车削、倒角、放样等修改器命令，将二维图形转换为三维模型，或作为放样的图形、路径等。

4.2　二维图形的创建

4.2.1　线的创建

3ds Max 的线工具，可以绘制任何形状的开放或闭合的直线或曲线。

1. 创建开放的直线

（1）单击命令面板中的【创建】→【图形】，选择默认的【样条线】，在【对象类型】卷展栏中，单击线的按钮 ![线]，如图 4.4 所示。

图 4.4 二维图形样条线

（2）在前视图中，单击鼠标左键确定线的起点，释放鼠标，然后移动光标到适当位置单击鼠标左键，确立线段的另一个点，继续执行此操作，结束时单击鼠标右键即可结束线的创建就可以创建一条开放的直线段，如图 4.5 所示。

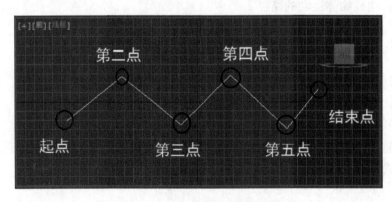

图 4.5 开放的二维图形直线样条线

2. 创建闭合的曲线

（1）单击命令面板中的【创建】 ![+] →【图形】 ![图形]，选择默认的【样条线】，在【对象类型】卷展栏中单击线的按钮 ![线]。

（2）在前视图中，单击鼠标左键确定线的起点，然后移动光标到适当位置，单击鼠标左键按住不放并拖动鼠标，确立线段的另一个点，线段变成曲线状态，继续执行此操作，结束时靠近起点，系统会弹出【样条线】对话框，如图 4.6 所示。

（3）选择 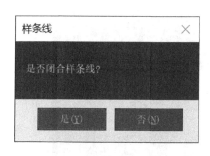 ，即可结束线的创建，就创建了一条闭合的曲线段，如图
4.7 所示。

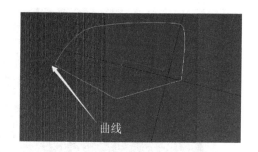

图 4.6 【样条线】对话框　　　　图 4.7 闭合的二维图形曲线样条线

4.2.2 矩形的创建

使用【矩形】可以创建方形和矩形样条线，单击命令面板中的【创建】

→【图形】，在【对象类型】卷展栏中单击矩形的按钮 **矩形** ，如图
4.8 所示。

图 4.8 二维图形矩形

（1）在前视图中，单击鼠标左键确定矩形的起点，按住鼠标不放，向右下方拖动鼠标，到合适位置释放鼠标，即可结束矩形的创建，如图 4.9 所示。

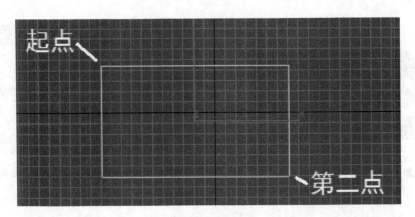

图 4.9　创建矩形

（2）单击命令面板中的【修改】 ，打开矩形的修改面板，即可修改矩形的相关参数。

（3）在视图内的矩形上，右击鼠标，弹出：选择将图形转换为二维样条线，点击后即可将二维图形转换为可编辑样条线，然后在修改面板中进行顶点、线段及样条线的编辑及其他操作，如图 4.18 所示。

小提示

（1）创建矩形时，在创建方法的卷展览中可以选择从边开始创建矩形，或从中心开始创建矩形，系统默认的是从边开始创建矩形，在实际操作中灵活选用。

（2）Ctrl 键配合鼠标，可以创建正方形。

（3）圆、椭圆的创建与编辑技法与矩形近似，就不再一一详述了。

4.2.3　文字的创建

（1）单击命令面板中的【创建】 ＋ →【图形】 ，在【对象类型】卷展栏中单击文本的按钮 文本 ，如图 4.10 所示。

（2）在参数卷展览中，更改文字的名称、大小，在视图区内单击鼠标左键确定文字的位置，视图中即可出现创建的文字，也可以打开修改面板，在修改面板中修改文字的名称、大小、字间距等，如图 4.11 所示。

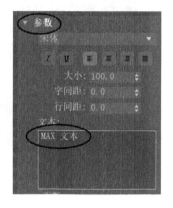

图 4.10 二维图形文本　　　　　　图 4.11 创建文字

(3) 在视图内的文字上，右击鼠标，弹出：选择将图形转换为二维样条线，点击后即可将二维文本转换为可编辑样条线，随后在修改面板中对文字进行顶点、线段及样条线的编辑及其他操作，如更改文字的局部、做成艺术字体等个性修改。

4.2.4 截面的创建

使用【截面】命令可以通过截取三维模型的剖面来生成二维图形，并可以移动、缩放或旋转所创建的剖面，并对此剖面执行挤出、车削等修改器命令生成新的三维模型，具体的操作方法如下。

(1) 单击命令面板中的【创建】 → 【图形】 ，在【对象类型】卷展栏中单击截面的按钮 截面 ，在视图中点击并拖动鼠标，拉出截面平面。

(2) 使用移动工具，将刚创建的剖面平面图形移动到三维模型相应的位置，这时截取的三维模型的剖面部分，在视图中以黄色显示，如图 4.12 所示。

(3) 打开修改命令面板，单击修改面板中截面参数卷展览的"创建图形"按钮，如图 4.13 所示。

(4) 系统弹出一个【命名截面图形】对话框，如图 4.14 所示。

(5) 在弹出的对话框中输入剖面的名称，单击【确定】，即可得到一个二维剖面图形，如图 4.15 所示。

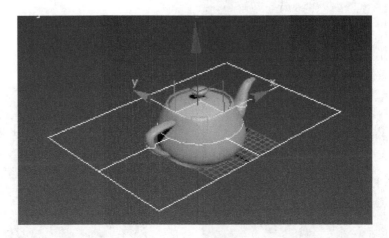

图 4.12　拉出截面

图 4.13　【截面参数】卷展览

图 4.14　【命名截面图形】对话框

图 4.15　生成二维剖面图形

6. 可以对此剖面曲线执行移动、旋转、缩放等操作，或执行挤出、车削修改器命令生成三维模型，如图 4.16 所示为执行挤出修改器命令的三维模型。

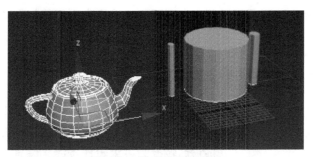

图 4.16　挤出的三维模型

4.3　二维图形的编辑

4.3.1　渲染二维图形

二维图形创建后，在场景的视图中是可见的。但是，当渲染视图后，却没有在渲染后的效果图中显示，如想在效果图中看见渲染后的二维图形，就打开修改面板，选择渲染卷展览，勾选"在渲染中启用"，如图 4.17 所示。

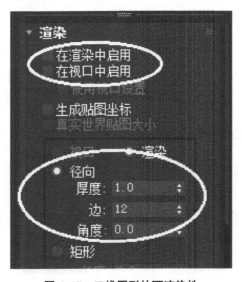

图 4.17　二维图形的可渲染性

小提示

径向厚度用来控制渲染时样条线的粗细程度，径向边用来控制渲染时样条线的截面的光滑度。这两项都必须在启用了、在渲染中启用才能有效，一般在生成螺旋线等比较实用。

4.3.2　将二维图形转换为可编辑样条线

3ds Max 创建出的二维图形中，只有线工具创建的样条线可以任意编辑，其他矩形、圆形等仅能修改创建的参数。为了更加深入地修改二维图形，使之变为更加复杂的二维图形，就可以将它们转换为可编辑样条线，编辑顶点、线段及样条线，增加其复杂程度，具体操作步骤如下。

（1）绘制一个矩形、多边形或圆形等的二维图形。

（2）在二维图形上右击，弹出快捷命令菜单，单击【转换为】→【转换为可编辑样条线】，如图 4.18 所示。

图 4.18　转换为可编辑样条线

（3）这时矩形、多边形或圆形等二维图形就转化为可编辑样条线，右侧的修改命令面板显示出了可编辑样条线的修改参数，就可以对二维图形进行进一步的编辑与修改。

4.3.3　移动二维图形的顶点、线段及样条线

一个完整的二维图形由若干个顶点、线段及样条线组成，在实际应用中，常用的是二维图形顶点及样条线的编辑。移动二维图形的顶点、线段及样条线操作方法相同，下面以移动二维图形顶点的操作步骤介绍移动的方法。

（1）单击命令面板中的【创建】 ✚ →【图形】 ◉ ，选择默认的【样条线】，在【对象类型】卷展栏中单击线的按钮 ███ 线 ，在顶视图中创建一条开放的样条线。

（2）单击【修改】，打开样条线的选择卷展览，点击【顶点】按钮，如图 4.19 所示。

图 4.19　样条线的顶点

小提示

如移动二维图形线段，则点击【线段】按钮，如移动二维图形的整个样条线，则点击【样条线】按钮即可。

（3）视图中的样条线出现顶点的形状，如图 4.20 所示。

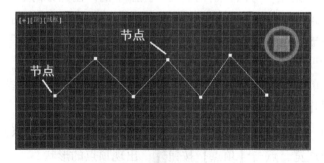

图 4.20　样条线的顶点形状

（4）使用移动工具 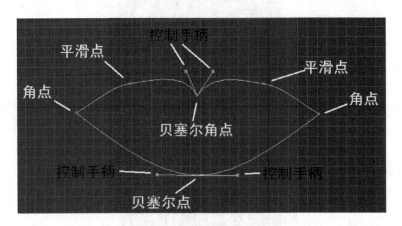，单击需要移动的顶点，被选中顶点变成红色显示，移动鼠标，即可将选中顶点移动到新的位置。

4.3.4　更改二维图形的顶点类型

二维图形有顶点、线段及样条线组成，二维图形的顶点有贝塞尔点、角点、平滑点、贝塞尔角点四种类型，如图 4.21 所示。

图 4.21　样条线的组成

（1）角点：顶点的两端是直线，不产生任何曲线，一般应用在创建直线、直角图形或图形折角处。

（2）贝塞尔点：有两个调节控制手柄，可以通过调节控制手柄的位置及长度来创建、调整曲线的形状。

（3）平滑点：没有可调节的控制手柄，自动将样条线转换为平滑、不可调整的曲线。

（4）贝塞尔角点：可以分别调节两个控制手柄，创建方向不一的曲线弧度。

以上几种顶点的类型，在实际中配合应用，一般角点与贝塞尔的应用较多。

线绘制完成后，可以打开修改命令面板，进入线的点、线段及样条线的层级，在选择卷展览对线进行深入的修改，直至满足使用要求为止。

更改顶点的类型可以改变二维图形的形状，如将直线变成曲线，曲线变成直线等，具体操作步骤如下。

（1）创建一个二维图形或样条线；单击命令面板中的【修改】 ，打开样条线的选择卷展览，点击【顶点】按钮 ，出现顶点的形状。

（2）将鼠标置于顶点的上面，右击鼠标，出现快捷菜单，如图 4.22 所示，被勾选的点的类型，表示当前的顶点类型。

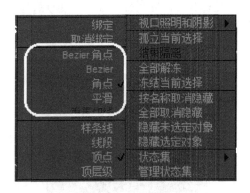

图 4.22　快捷菜单

（3）选择需要的顶点类型，即可将当前顶点类型更改为所选择的顶点类型，同时二维图形的形状也发生相应的变化，如图 4.23 所示改变多边形的顶点引起二维图形的形状也发生相应的变化。

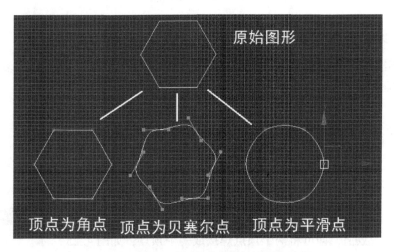

图 4.23　多边形的顶点变化引起图形的改变

4.3.5　增加、删除二维图形的顶点

（1）创建一个二维图形；右击转换为可编辑样条线，单击命令面板中的【修改】，打开样条线的选择卷展览，点击【顶点】按钮，向上推动卷展览，找到几何体卷展览。

（2）单击几何体卷展览的优化按钮 优化 ，回到视图中，靠近样条线，鼠标变成的形状，在样条线上单击，即可添加上一个顶点，如图 4.24 所示。

图 4.24　添加顶点

小提示

在实际应用中，选择想要删除的顶点，按下 Delete 键，即可删除多余的顶点，这种删除顶点的方法快捷简单。

4.3.6　焊接二维图形的顶点

（1）创建一条样条线；单击命令面板中的【修改】 ，打开样条线的选择卷展览，点击【顶点】按钮 ，向上推动卷展览，找到几何体卷展览。

（2）框选想要连接的两个顶点，单击几何体卷展览的焊接按钮 焊接 ，增加焊接的数值，即可将两个顶点焊接成一个顶点，如图 4.25 所示。

图 4.25　焊接顶点

小提示

自动焊接，当两个顶点非常靠近时，可以选中两个顶点，勾选自动焊接，调整焊接距离即可。

4.3.7　断开二维图形的顶点

（1）创建一条样条线；单击命令面板中的【修改】，打开样条线的选择卷展览，点击【顶点】按钮，向上推动卷展览，找到几何体卷展览。

（2）选择需要断开的顶点，单击几何体卷展览的断开按钮　断开，原始位置的一个顶点就变成两个顶点，一条开放的样条线被断开为两条，或一条闭合二维图形变成开放的二维图形。

4.3.8　拆分、删除、分离二维图形的线段

（1）创建一个二维图形。

（2）在二维图形上右击，选择转换为可编辑样条线，单击命令面板中的【修改】，打开样条线的选择卷展览，点击【线段】按钮。

（3）在视图中，点击二维图形的一条线段，选中线段变为红色显示。

（4）在修改面板中向上推动卷展览，找到几何体卷展览，找到拆分按钮　拆分，设置拆分的数量为 2，单击拆分按钮，就会将选中线段变成 2 段。

（5）选择一条线段，按下 Delete 键或单击删除按钮　删除，即可删除该线段。

（6）在视图中选中一条线段，单击分离按钮　分离，弹出【分离】对话框，如图 4.26 所示。

图 4.26　【分离】对话框

（7）在【分离】对话框设置分离出去的线段的名称，单击【确定】按钮，选中线段就会被分离成独立的线段，但位置没有改变。

4.3.9 二维图形样条线的附加

在实际应用中，可以创建几个不同形状的二维图形，通过附加命令合并到一起，然后执行挤出、倒角等操作。本章以创建建筑设计中罗马柱的剖面为例，详细介绍具体操作。

1. 单击命令面板中的【创建】 ➕ →【图形】 ，选择默认的【样条线】，在【对象类型】卷展栏中单击线的按钮　　线　　，在顶视图内创建 2 个直径分别为 75、15 的圆，如图 4.27 所示。

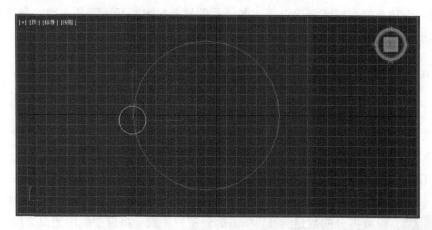

图 4.27　创建 2 个不同直径的圆

2. 选择命令面板的【层次】→【轴】→【仅影响轴】，设置轴心点，如图 4.28 所示。

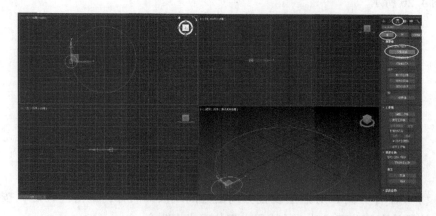

图 4.28　设置轴心点

（3）选择对齐工具![对齐工具图标]，在顶视图中点击大圆，打开【对齐当前选择】对话框，将当前对象和目标对象的轴点选中，然后点击【确定】，将小圆的轴心与大圆的轴心对齐，然后关闭右侧命令面板的【仅影响轴】。如图 4.29 所示。

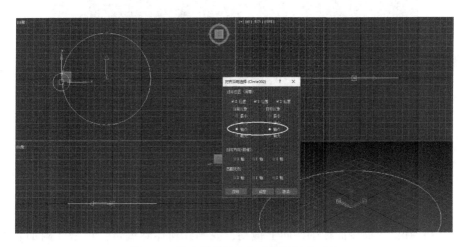

图 4.29　将小圆的轴心与大圆的轴心对齐

（4）选择小圆，应用【工具】菜单→![阵列(A)...]，打开【阵列】对话框，设置相关参数，如图 4.30 所示。

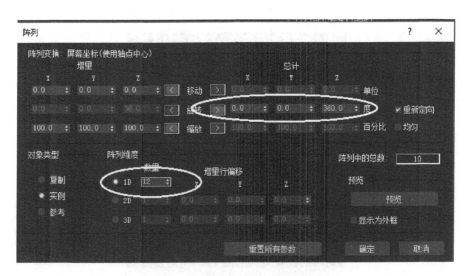

图 4.30　【阵列】对话框参数设置

（5）阵列复制的数量会随着所创建的圆的大小而变化，最后效果如图 4.31

所示。

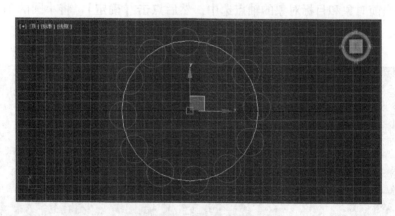

图 4.31　阵列小圆的效果

（6）在大圆上右击转换为可编辑样条线，将大圆转换为可编辑样条线。

（7）在修改命令面板中，向上拖动，找到几何体卷展览，点击【附加】按钮，在视图中依次点击其他的小圆，或单击附加多个按钮，弹出【附加多个】对话框，全部选择后，单击【附加】按钮，被点击的所有小圆就成了一个整体，如图 4.32 所示。

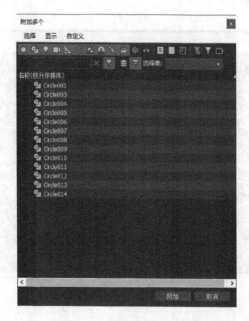

图 4.32　【附加多个】对话框

4.3.10　二维图形样条线的布尔运算

二维图形样条线在执行附加命令，变成一个整体后，就可以进行深入的操作，如加、减的运算等。

（1）在修改命令面板中，点击样条线按钮 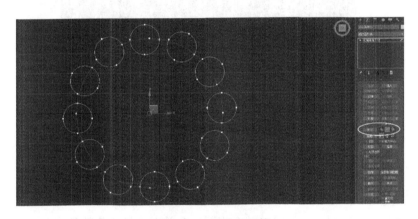。

（2）选择图 4.31 所示的大圆，大圆将以红色显示，然后单击命令面板中的【布尔】按钮右侧的【差集】按钮，确定二维布尔运算的类型为相减，如图 4.33 所示。

图 4.33　二维布尔运算

（3）单击布尔命令按钮　布尔　，在视图中单击【小圆】，就可以将选中小圆减去与大圆外相交的部分，如图 4.34 所示。

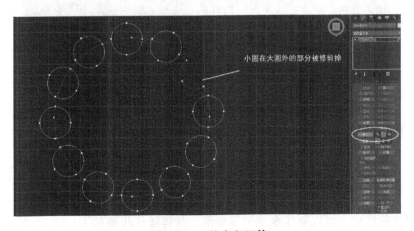

图 4.34　二维布尔运算

（4）在视图中依次单击【小圆】，就可以减掉其他小圆在大圆外的部分，效果如图 4.35 所示。

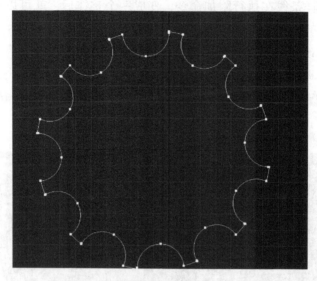

图 4.35　二维布尔运算的差集运算后的效果

小提示

选择并集执行布尔运算时，就会将图形合并；选择差集执行布尔运算时，只保留相交的部分，如图 4.36 所示。

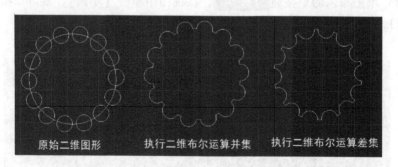

原始二维图形　　　执行二维布尔运算并集　　　执行二维布尔运算差集

图 4.36　二维布尔运算的并集、差集运算的结果

4.3.11　二维图形样条线的轮廓

使用轮廓命令可以制作水池边等图形，具体操作步骤如下。

（1）单击命令面板中的【创建】➕→【图形】◎→线 线，在顶视图中创建一条闭合的曲线。

（2）在修改命令面板中，点击样条线按钮▧，向上推动卷展览，单击轮廓按钮 轮廓 。

（3）单击视图中的曲线，曲线变为红色，调整轮廓后面的数值，即可生成两条曲线，2 条曲线之间的距离相同，在如图 4.37 所示。

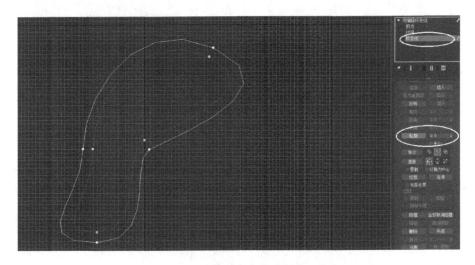

图 4.37 通过轮廓命令生成新的二维线

（4）多次执行轮廓命令，可绘出几个轮廓线，如图 4.38 所示。

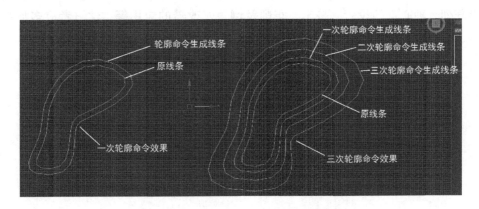

图 4.38 一次轮廓命令、多次轮廓命令的对比

（5）应用挤出修改器，设置挤出参数为 50，即生成水池三维模型，如图

4.39 所示。

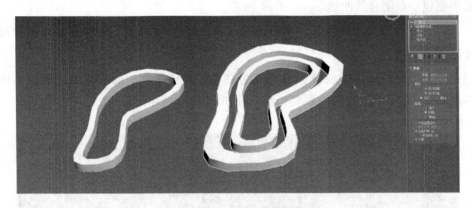

图 4.39 挤出后水池的效果

小提示

当输入数值为正数时，轮廓的生成向内；当输入数值为负数时，轮廓的生成向外，勾选中心后，则从中心向内外生成另一条曲线。

4.4 本章小结

本章重点内容是基本二维图形的创建与编辑命令，包括二维图形转换为三维模型的建模方式，样条线的显示、渲染、创建与编辑，样条线的加减运算等，图形阵列，轴心点的设置，挤出、车削及倒角修改器的应用等，学习者应多加练习，熟练掌握本部分内容。

第 5 章

修改器

本章主要介绍 3ds Max2020 中文版修改器的使用技法，将二维图形通过修改器转换为三维模型的建模方式，学习挤出、车削、倒角修改器的应用，重点掌握修改器的编辑应用，熟悉建模、摄像机、灯光、材质与贴图及渲染输出等制作流程。

5.1　修改器的基础知识

5.1.1　修改器的作用

3ds Max 修改器可以将二维图形转换为三维模型，或将三维模型改变为造型更为复杂的三维模型，不同的修改器有不同的效果。

5.1.2　修改器的类型

单击命令面板中的【修改】 ，单击【修改器列表】右侧的下拉按钮，在展开的下拉列表中显示了修改器的类型，包括选择修改器、世界空间修改器及对象空间修改器三大类，每一个大类又包含若干个小的修改器，如图 5.1 所示。

图 5.1　修改器命令面板

5.2　二维图形修改器

常用的二维图形修改器有挤出、车削、倒角、倒角剖面等，下面就逐一介绍。

5.2.1　挤出修改器

挤出修改器是常用的一种修改器，它的作用是将二维图形按某一个坐标轴的方向进行拉伸，使二维图形产生厚度，成为一个平面或生成一个三维模型。本实训项目案例以制作书籍设计为例，讲解二维图形应用挤出修改器生成三维模型的操作方法。

（1）使用【创建】➕→【图形】●→线 线 ，在前视图中创建一个二维图形，如图 5.2 所示。

图 5.2　利用线创建一条样条线

（2）单击修改命令面板，点击【选择】卷展栏的样条线按钮，向上推动【几何体】卷展栏，单击轮廓按钮 轮廓 ，如图 5.3 所示。

（3）单击视图中的样条线，使样条线变为红色，调整轮廓后面的数值，即可生成两条曲线，如图 5.4 所示。

（4）单击修改命令面板，点击修改器列表右侧的三角形按钮，在下拉列表中选择挤出修改器，如图 5.5 所示。

图 5.3　利用线创建一条样条线

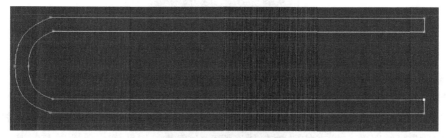

图 5.4　利用轮廓的效果

图 5.5　挤出修改器

（5）这时透视图中的二维图形成为一个平面，如图 5.6 所示。

图 5.6　物体挤出效果

（6）调整【参数】卷展栏的挤出数量，如图 5.7 所示。

图 5.7　通过【参数】卷展栏调整挤出数量

参数卷展览的各项参数含义如下：①数量：模型拉伸的高度。②分段：拉伸后三维模型的段数，较高的段数有利于模型的弯曲、扭曲等，段数越高，弯曲后越平滑，但是系统运算的速度回减慢，因此一般段数为 0 即可，可以提高绘图速度。③封口：控制是否为生成的三维模型两端覆盖面。

（7）设置挤出数量后，视图中的平面变成具有厚度的三维模型，如图 5.8 所示。

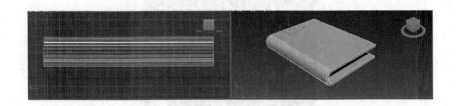

图 5.8　平面图形变成具有厚度的三维模型

（8）使用同样的技法创建书籍的内页截面图形，并打开【修改】面板 ，在修改面板中调整图形的节点，如图 5.9 所示。

（9）再次应用挤出修改器，创建书籍的内页，并使用移动工具移动书籍内

图 5.9　创建书籍内页

页到合适位置，书籍的三维模型创建完成，按 F9 键快速渲染透视图，最终效果如图 5.10 所示。

图 5.10　书籍的最终效果

5.2.2　车削修改器

车削修改器是常用的一种修改器，它的作用是将二维图形按某一个坐标轴的方向进行旋转，使二维图形成为一个不完整的剖面，或生成一个完整的三维模型，常用于创建中心对称的三维模型，如花瓶、盘子、酒杯、酒瓶、圆柱等。本实训项目案例以制作花瓶为例，讲解二维图形使用车削修改器生成三维模型的操作步骤。

（1）使用【创建】 ➕ →【图形】 ⚙ →线 ▨ 线 ，在前视图中创建一个酒杯的截面形状，如图 5.11 所示。

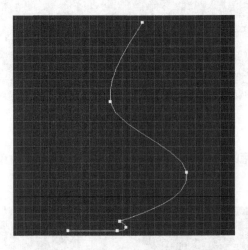

图 5.11　使用线创建酒杯的截面图形

（2）进入修改命令面板 ☑ ，在修改命令面板中，点击样条线 ☑ ，向上推动卷展览，单击 ▨ 轮廓 按钮。

（3）单击视图中的曲线，曲线变为红色，调整轮廓后面的数值，即可为绘制的线形添加一个轮廓，作为花瓶的厚度，如图 5.12 所示。

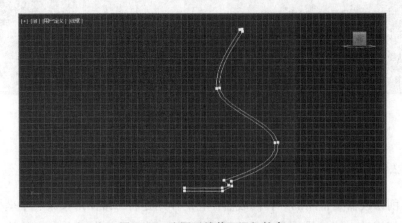

图 5.12　为图形的截面添加轮廓

（4）在修改命令面板中，点击【顶点】，在前视图中选择右侧的两个顶点，在几何体卷展栏下选择圆角按钮 圆角 ，在前视图中按住鼠标左键拖动，此时直角就会变成圆角，如图 5.13 所示。

图 5.13 修改图形的顶点

（5）单击修改命令面板，点击修改器列表右侧的三角形按钮，在下拉列表中选择车削修改器，如图 5.14 所示。

图 5.14 车削修改器

（6）这时视图中的二维图形变为三维模型，如图 5.15 所示。

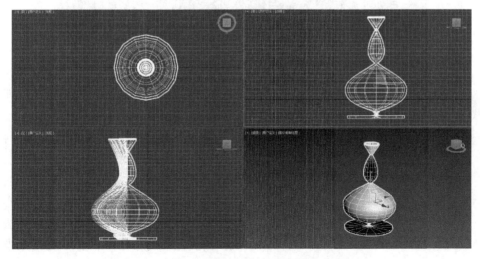

图 5.15 二维图形执行车削修改器后变为三维模型

（7）这时可以看出，花瓶的形状不是很好，点击修改面板车削前的 ▼ 按钮，展开子物体层次，选中轴，如图 5.16 所示。

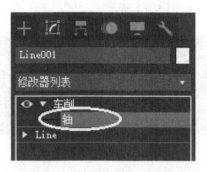

图 5.16　车削修改器中轴的选取

（8）在前视图中使用移动工具移动花瓶的坐标轴，调整坐标轴的位置，生成一个满意的花瓶三维模型，效果如图 5.17 所示。

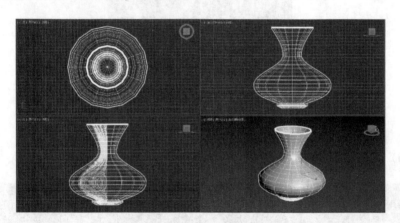

图 5.17　调整三维模型的坐标轴

（9）如生成花瓶的一部分，在右侧参数卷展览中，修改旋转度数即可，如图 5.18 所示。

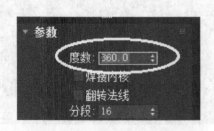

图 5.18　修改模型旋转的度数

参数卷展览的各项参数含义如下：①度数：旋转的角度，默认的是 360 度，生成完整的三维模型，如小于 360 度，则生成一个剖面。②焊接内核：将轴心重合的顶点合并成一个顶点。③翻转法线：当执行车削命令后，看不到三维模型的表面，表示发现错误，可勾选此项。

④分段：控制生成的三维模型的光滑度，数值越高，模型越光滑，系统渲染的速度越慢。⑤方向：控制图形与中心轴的对齐方式。

（10）分别复制两个花瓶，并修改模型的度数分别为 360、100、50 度，最终效果如图 5.19 所示。

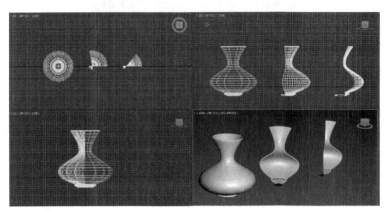

图 5.19　不同度数的三维模型

5.2.3　倒角修改器

倒角修改器也是常用的一种修改器，它的作用是将二维图形在成为三维模型时，其边界产生直线或圆角的变化，倒角的效果比挤出修改器更加丰富，常用于创建立体的倒角文字、倒角模型等。本实训项目案例以制作倒角文字为例，讲解二维图形使用倒角修改器生成三维模型的操作步骤。

（1）单击【创建】➕→【图形】❻→文本 文本，创建一组文字"SDCM"，大小为 100，如图 5.20 所示。

图 5.20　创建文字

（2）单击修改命令面板 ，点击修改器列表右侧的三角形按钮 ▼，在下拉列表中选择【倒角】修改器，如图 5.21 所示。

图 5.21　倒角修改器

（3）这时透视图中的二维文字图形变为三维平面，如图 5.22 所示。

图 5.22　二维文字执行倒角后变为三维平面

（4）调整【倒角值】卷展栏的级别 1、2、3，数值如图 5.23 所示。

参数卷展览的各项参数含义如下：①起始轮廓：原始二维图形的轮廓大小，一般选择默认设置为 0 即可。②级别 1、2、3：分 3 个层次设置倒角的高度和轮廓，只有在勾选时才能启用，级别 1、3 控制两侧倒角大小，级别 2 控制中间挤出厚度。

（5）设置好级别 1、2、3 后，视图中的平面文字变成具有厚度的倒角三维文字，最终效果如图 5.24 所示。

图 5. 23　调整倒角值卷展栏的级别数值

图 5. 24　平面文字变成具有厚度的倒角三维文字

5. 2. 4　倒角剖面修改器

倒角剖面修改器也是常用的一种修改器。使用倒角剖面修改器之前，需要先创建一个路径和一个二维截面图形。本实训项目案例以制作油画画框为例，讲解二维图形应用倒角剖面修改器生成三维模型的操作步骤。

（1）单击【创建】 ➕→【图形】 🔘→线 线 ，在 3ds Max2020 场景顶视图中创建一个 50×10mm 的矩形作为画框的截面，并调整矩形形状，效果如图 5.25 所示。

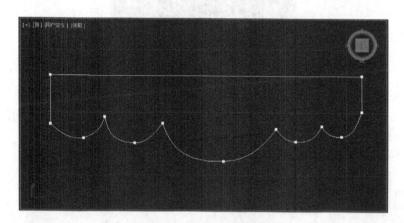

图 5.25　创建画框的截面

（2）单击命令面板中的【创建】 ➕→【图形】 🔘→矩形按钮 矩形 ，在前视图中创建一个 400×500mm 的二维矩形作为路径，如图 5.26 所示。

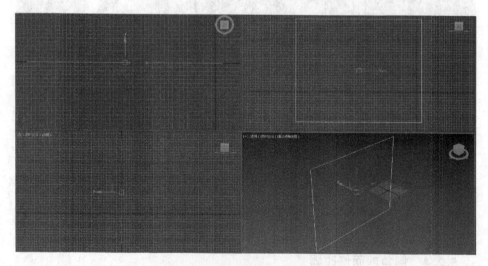

图 5.26　创建二维矩形作为路径

（3）选择矩形，单击修改命令面板 🖉，点击修改器列表右侧的三角形按钮 🔻，在下拉列表中选择【倒角剖面】修改器，并在【参数】卷展栏中将倒角剖面由默认的改进模式转换为经典模式，如图 5.27 所示。

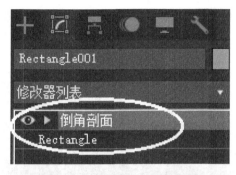

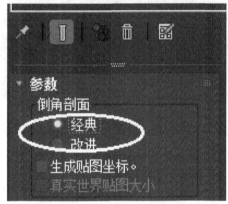

图 5.27 倒角剖面修改器

（4）在【参数】卷展栏中选择【拾取剖面】按钮 拾取剖面 ，矩形变为一个平面模型，如图 5.28 所示。

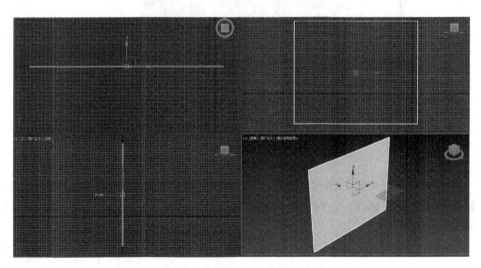

图 5.28 矩形变为一个平面模型

（5）在场景中单击拾取二维截面图形，即可创建画框的三维模型，如图 5.29 所示。

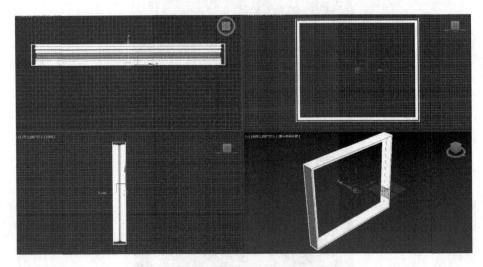

图 5.29　创建出画框的三维模型

（6）从透视图中可以看出，画框模型的截面方向有误，点击倒角剖面的 "　　" 号，选择剖面 Gizmo，如图 5.30 所示。

图 5.30　选择剖面 Gizmo

（7）在场景中选择画框的模型，在选择并旋转工具按钮上右击，弹出【旋转变换输入】对话框，在对话框内的 Z 轴参数框内输入旋转角度 90，如图 5.31 所示。

（8）场景中画框的模型即可创建完成，按 F9 渲染透视图，最终效果如图 5.32 所示。

图 5.31　精确旋转画框的剖面 Gizmo

图 5.32　画框的渲染效果

5.3　三维模型修改器

三维模型修改器可以使简单的三维模型转换为更加复杂的三维模型，常用的有弯曲、躁波、涟漪等修改器。

5.3.1　弯曲修改器

弯曲修改器是常用的一种三维模型修改器，它的作用是将垂直或水平的三维模型弯曲成弧形，常用于创建拱桥、拱门等复杂三维模型。本实训项目案例以制作拱形门为例，讲解弯曲修改器的操作步骤。

（1）选择【创建】▇→【几何体】▇→圆柱体；在顶视图中创建一个半

径为 20，高度为 500，高度段数为 40 的圆柱体，如图 5.33 所示。

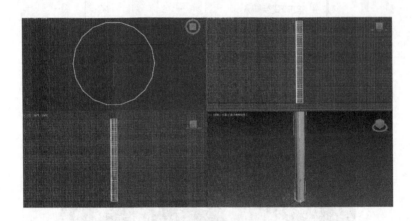

图 5.33 创建长方体

（2）单击修改命令面板 ，点击修改器列表右侧的三角形按钮 ，在下拉列表中选择【弯曲】修改器命令。

（3）视图中的三维模型上出现了一个橘黄色的外框，在修改命令面板的【参数】卷展栏中，调整弯曲的角度为 180 度，其他参数默认，如图 5.34 所示。

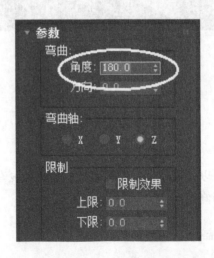

图 5.34 通过【参数】卷展栏调整弯曲的角度

【参数】卷展栏的各项参数含义如下：①角度：弯曲的角度；②方向：弯曲的方向；③弯曲轴：设置弯曲的轴向，默认的是 Z 轴；④限制：控制模型弯曲的范围，上限控制从模型中心到选择轴向正方向的弯曲范围，下限控制从模型中心到选择轴向负方向的弯曲范围。

（4）设置弯曲的角度为 180 度，最终效果如图 5.35 所示。

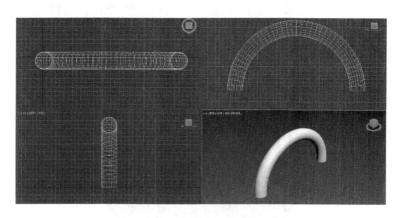

图 5.35　弯曲修改器的效果

5.3.2　躁波修改器

躁波修改器是常用的一种三维模型修改器，它能使物体表面凸起的工具，一般用来创建水面的波纹、不平整的地面、山石等。本实训项目案例以制作起伏的地面为例，讲解躁波修改器的操作步骤。

（1）选择【创建】➕→【几何体】⬤→ 平面 ；在顶视图中，创建一个长度 200、宽度 300 的平面，并设置长度分段为 30、宽度分段为 40，如图 5.36所示。

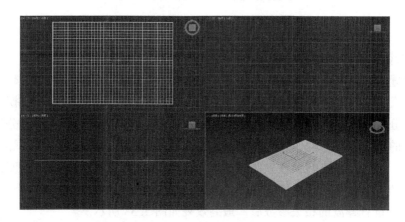

图 5.36　创建平面

（2）单击修改命令面板 ，点击修改器列表右侧的三角形按钮 ，在下拉列表中选择【躁波】修改器命令。

（3）视图中的三维模型上出现了一个橘黄色的外框，在修改命令面板的【参数】卷展栏中，设置躁波的种子为17，比例为120；勾选"分形"选项，设置迭代次数为2；设置"强度"的 Z 的参数为120，其他参数默认，如图5.37所示。

图 5.37　通过【参数】卷展栏设置躁波参数

【参数】卷展栏的各项参数含义如下：①种子：在创建地形时非常实用，可以从设置的数中生成一个随机起始点；②比例：控制噪波影响的大小。较大值的噪波平滑，较小值的噪波会产生锯齿现象；③分形：勾选才能启用，根据当前设置产生分形效果；④粗糙度：决定分形变化的程度；⑤迭代次数：控制分形功能所使用的迭代数目。较小的迭代次数生成更平滑的效果；⑥强度：控制噪波效果的大小；⑦动画：控制噪波效果的形状；⑧频率：调节噪波效果的速度；⑨相位：移动基本波形的开始和结束点。

（4）设置躁波的相关参数后，最终效果如图5.38所示。

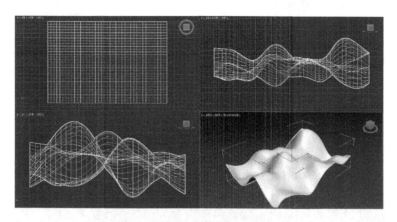

图 5.38　躁波修改器的应用效果

5.3.3　拉伸修改器

拉伸修改器是常用的一种三维模型修改器，它能使物体表面凸起的工具，一般用来创建数量较少的水滴、鸡蛋或水滴状的物体等。本实训项目案例以制作一枚鸡蛋为例，讲解拉伸修改器的操作步骤。

（1）选择【创建】 ➕ →【几何体】 ⬤ → 几何球体 ；在顶视图中创建一个半径为 10 的几何球体，并设置分段段数为 4，如图 5.39 所示。

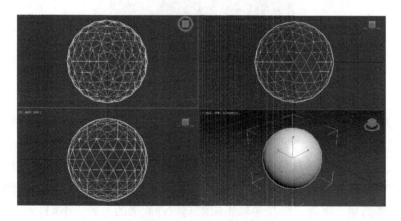

图 5.39　创建几何球体

（2）单击修改命令面板 ，点击修改器列表右侧的三角形按钮 ，在下拉列表中选择【拉伸】修改器命令，视图中的几何球体三维模型上出现了一个橘黄色的外框，如图 5.40 所示。

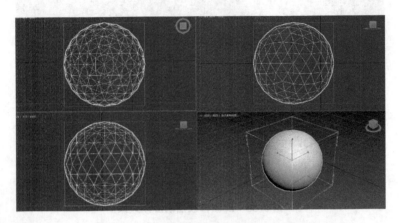

图 5.40   几何球体上出现了橘黄色的外框

（3）在修改命令面板的【参数】卷展栏中，设置"拉伸"为 0.4，"放大"为-30，其他参数默认，如图 5.41 所示。

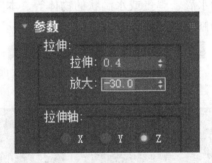

图 5.41   【参数】卷展栏中设置物体拉伸的参数

【参数】卷展览的各项参数含义如下：①拉伸：为所有的 3 个轴设置基本的缩放比例因子。②放大：更改应用到副轴上的缩放比例因子。③拉伸轴选项组中的 X、Y、Z：控制物体拉伸变形的轴向。④限制：控制将拉伸效果应用到整个物体或将它限制到物体的某一部分。⑤限制效果：限制拉伸效果，此项必须勾选限制效果才能启用。上限：沿拉伸轴正向限制拉伸效果的边界；下限：沿拉伸轴负向限制拉伸效果的边界。

（4）从拉伸后效果中可以看出，鸡蛋的上下两头一样形状，而实际的鸡蛋是一头大一头小，因此需要调整一下，将几何球体的选择集定义为 Gizmo，如图 5.42 所示。

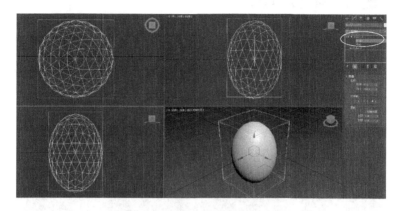

图 5.42 选择几何球体的 Gizmo

（5）勾选【参数】卷展栏中的限制效果，将上限改为 15，几何球体的形状就与实际的鸡蛋一样效果，最终效果如图 5.43 所示。

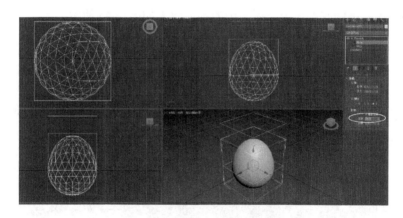

图 5.43 拉伸修改器的应用效果

5.3.4 晶格修改器

晶格修改器是常用的一种三维模型修改器，它能使将图形的线段或边转化为圆柱形结构，并在顶点上产生可选的关节多面体。使用它可基于网格拓扑创建可渲染的几何体结构，或作为获得线框渲染效果的另一种方法。本实训项目案例以制作一款玩具为例，讲解晶格修改器的操作步骤。

（1）选择【创建】 ➕ →【几何体】 ⚪ → **长方体** ；在顶视图中，创建一个长度、宽度均为 100，高度为 50 的长方体，并设置长度段数、宽度段数均为

3，高度段数为 2，如图 5.44 所示。

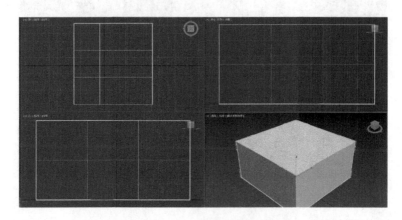

图 5.44　创建立方体

（2）单击修改命令面板 ，点击修改器列表右侧的三角形按钮 ，在下拉列表中选择晶格修改器命令，视图中的物体效果如图 5.45 所示。

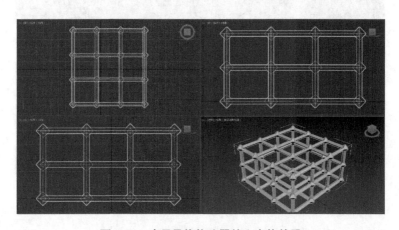

图 5.45　应用晶格修改器的立方体效果

（3）在修改命令面板的【参数】卷展栏中，在支柱选项组中设置"边数"为 12，勾选"平滑"复选框；在节点选项组中选择基点面类型为"二十面体"，"半径"为 6，"分段"为 3，勾选"平滑"复选框，如图 5.46 所示。

【参数】卷展栏的各项参数含义如下：①几何体选项组：控制是否作用与整个物体或选择的子物体；②支柱选项组：控制物体支柱的相关参数，可以设置支柱的半径、段数及边数等；③节点选项组：控制物体节点的相关参数，可以设置节点的类型、半径、段数等。

图 5.46 设置支柱与节点选项组的相关参数

（4）设置好晶格的相关参数后，其他参数默认，最终效果如图 5.47 所示。

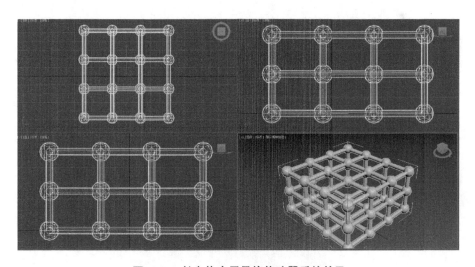

图 5.47 长方体应用晶格修改器后的效果

5.4 本章小结

　　本章主要介绍 3ds Max 修改器的使用技法，将二维图形通过挤出、倒角、车削等修改器转换为三维模型的建模方式；三维模型通过晶格、噪波等修改器生成为另种形状三维模型的建模方式，学习者应熟练掌握。

第 6 章

复合模型

本章主要介绍 3ds Max2020 中文版的复合建模方式，重点学习三维模型布尔运算的并集、差集与交集的运算技巧，超级布尔运算的实际运用，散布的操作技法，一次放样、二次放样及多次放样的操作技法，熟悉建模、摄像机、灯光、材质与贴图及渲染输出等制作流程。

6.1　复合模型基础知识

复合模型的类型

复合模型也是 3ds Max 中极其重要的建模方式，二维图形通过复合模型命令可以转换为三维模型，三维模型通过复合模型可以创建出结构更为复杂的三维模型。

单击【创建】 ➕ →【几何体】 ，单击【标准基本体】右侧的下拉按钮，在展开的下拉列表中找到复合对象。打开复合对象命令面板，显示了十二种复合对象的操作命令，如图 6.1 所示。

常用的复合对象命令是布尔运算、超级布尔运算及放样等，下面就详细介绍这几种操作方式。

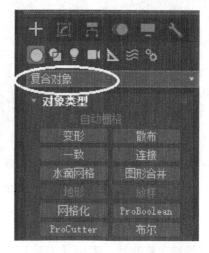

图 6.1　打开复合模型的方式

6.2　布尔运算

布尔运算是一种数学逻辑计算方式，用来处理两个模型之间的关系，借助于两个简单模型的运算来产生一个复杂的模型；在 3ds Max 中，布尔运算之后产生的新物体叫布尔物体，执行布尔运算的原始物体永远保留其创建参数，可以在修改器中修改调整它们或记录动画。

布尔运算有并集、差集和交集三种类型。并集运算将两个相交的物体合并成一个物体，相重叠的部分自动去除相重合的面，同时交接的网格线也连接起来。差集运算是其中一个物体减去另外一个物体，减去两物体相重的部分。交集运算是将相交的两个物体之间不相交的部分去掉，保留相交的部分，从而生成新的模型。

6.2.1　并集运算

（1）单击命令面板中的【创建】 ➕→【图形】 ⬛→ 星形 ，在场景的顶视图中建立一个星形二维图形，并调整半径 1 为 80，半径 2 为 60，点为 8，圆角半径 1 为 20，如图 6.2 所示。

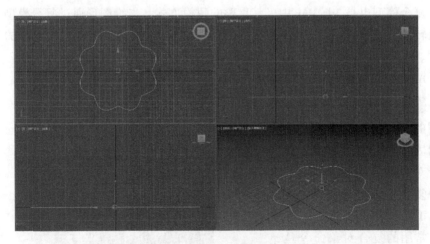

图 6.2　创建二维图形

（2）单击修改命令面板 ，点击修改器列表右侧的三角形按钮 ，在下拉列表中选择挤出修改器，调整【参数】卷展栏的挤出数量为 45，将二维图形转换为三维模型。

（3）在场景顶视图中建立一个球体，使用对齐工具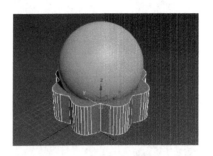，将球体移动到星形物体的中间，使两个物体相重叠，如图 6.3 所示。

图 6.3　对齐二维图形

（4）在视图中选择星形物体，点击创建命令面板，在标准基本体的下拉列表中，单击【复合对象】→【布尔】，如图 6.4 所示。

图 6.4　【布尔】命令

小提示

在没有选择场景中的任何模型时，布尔运算命令是灰色的，不可用，必须选择其中一个物体，布尔才能被激活，然后点击【布尔】命令。

（5）在点开的布尔命令中选择"并集"，然后再点击【添加运算对象】，如

图 6.5 所示。

图 6.5 拾取操作对象 B

（6）点击视图中另外一个物体，然后两物体就进行了布尔运算的并集运算，最终效果如图 6.6 所示。

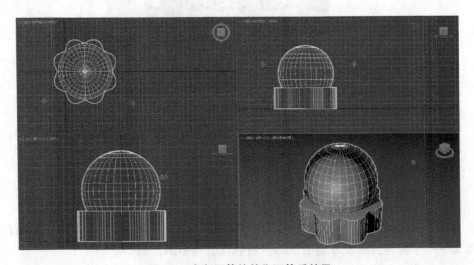

图 6.6 布尔运算的并集运算后效果

6.2.2　差集运算

差集运算的步骤 1-4 的操作方式与并集运算相同，本部分内容从第 5 步开始。

（1）在点开的布尔命令中选择"差集"然后再点击【添加运算对象】。

（2）在视图中点击中球体，然后两物体就进行了布尔运算的差集运算，最终效果如图 6.7 所示。

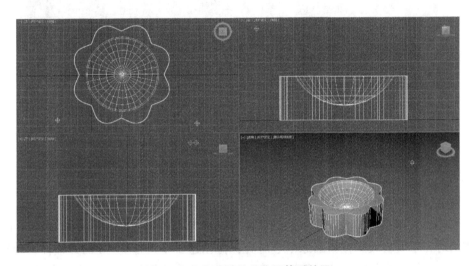

图 6.7　布尔运算的差集运算后效果

小提示

布尔运算的交集运算操作步骤与差集相似，在此就不再详述了。

6.3　超级布尔运算

3ds Max 布尔运算功能强大，很多建模过程都离不开它。但布尔运算也有很多缺点，如运算后的网格会出现混杂的三角面，复杂物体运算时有时会出现运算错误，或运算结果与期望结果不一致等问题。而超级布尔（ProBoolean）更加稳定，极大地提高工作效率。

本节以创建笔筒模型为例，讲述超级布尔运算的操作步骤与技法。

（1）单击 3ds Max 工作界面右侧命令面板中的【创建】＋→【几何体】

●→ 球体 ，在场景中建立一个球体；在修改器面板中，修改【参数】卷展栏下的圆球半径为 60，半球为 0.3。

（2）在前视图中点击旋转工具，将圆球沿 X 轴旋转 180 度，创建出笔筒的三维模型，如图 6.8 所示。

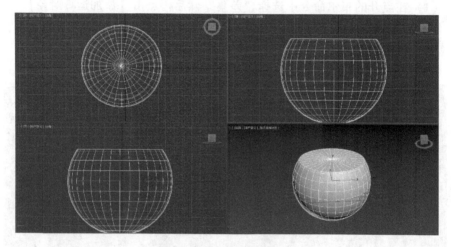

图 6.8　创建笔筒三维模型

（3）在场景中建立一个大的圆柱体，尺寸为 45，边数为 32，高度适合即可，使用对齐工具将大圆柱与圆球中心对齐；再创建 1 个尺寸为 10 的圆柱体，使用旋转工具旋转小的圆柱体，使用镜像工具复制一个小圆柱；再创建一个长方体，最后使用移动工具调整四个三维模型的位置，最终效果如图 6.9 所示。

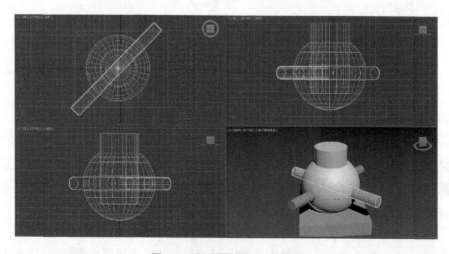

图 6.9　创建圆柱体三维模型

（4）选择圆球物体，点击创建命令面板，在标准基本体的下拉列表中，单击【复合对象】→【ProBoolean（超级布尔）】。在点开的拾取布尔对象卷展栏中，选择"差集"，然后再点击【开始拾取】，如图 6.10 所示。

图 6.10　选择超级布尔运算方式

（5）依次点击视图中的其他四个物体，然后几个物体之间就进行了超级布尔运算，如图 6.11 所示。

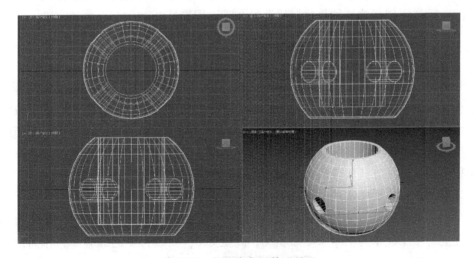

图 6.11　超级布尔运算后效果

（6）按下 F9 键，渲染透视图，保存文件为笔筒 . jpg，最终效果如图 6.12

所示。

图 6.12　笔筒模型效果

6.4　放样

在 3ds Max 建模中，放样是将一个二维图形作为沿某个路径的剖面，而形成复杂的三维物体。同一路径上可在不同的段给予不同的图形；通过放样图形，可以创建一些复杂的三维模型。放样建模由路径型和截面型组成，在制作放样物体之前，首先要创建放样物体的二维路径与截面图形。

6.4.1　一次放样

放样（Loft）可以通过获取路径（Get Path）、获取图形（Get Shape）两种方法创建三维模型。获取路径是当前选择为物体的截面图形，在放样命令后点取路径生成放样物体；获取图形是当前选择为物体的路径，在放样命令后点取截面图形生成放样物体，在实际应用中，特别是复杂的路径，应用获取图形，让物体沿路径生成，这种方式比较简单，很容易确定放样后生成的三维物体位置。

本实例以生活中常用的蚊香为例，介绍放样的制作技法。

（1）单击命令面板中的【创建】 ✛ →【图形】 ◎ → ■螺旋线■ ，在顶视图中建立一个半径 1 为 75，半径 2 为 6，高度为 0，圈数为 4 的螺旋线，作为蚊香放样的路径，选择【图形】 ◎ → ■矩形■ ，在前视图中建立一个长度为 5，高度为 10 的矩形，作为蚊香放样的截面图形，如图 6.13 所示。

（2）选择路径作为当前物体，点击创建命令面板，在标准基本体的下拉列

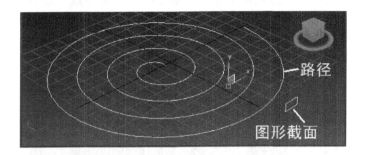

图 6.13　创建蚊香放样的路径和图形截面

表中，单击【复合对象】→【放样】，如图 6.14 所示。

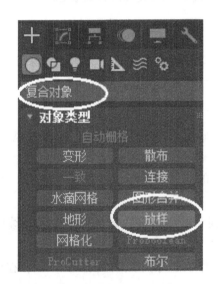

图 6.14　通过命令面板选取【放样】命令

（3）在【创建方法】参数栏中，点击【获取图形】，如图 6.15 所示。

图 6.15　在【创建方法】参数栏中点击【获取图形】

（4）在前视图中选择创建的矩形截面图形，即可生成三维模型物体，效果如图 6.16 所示。将文件存储为"蚊香.Max"文件，以备以后编辑使用。

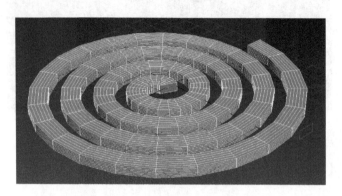

图 6.16　放样后生成的蚊香效果

（5）放样后，如果对放样后生成的三维模型效果不满意，可以修改原始的放样路径或图形，放样后的三维模型会同步发生变化。

小提示

（1）放样后，除非确定不再更改放样后的三维模型，否则原始的路径和图形一定不要删除。

（2）放样后，原始的路径和图形仅在视图中显示，在渲染时则不会被渲染出来。

（3）蚊香的细部调节需使用多边形的编辑，见后续的可编辑多边形部分，在此就不再深入讲述了。

（4）获取路径的操作技法与获取图形的步骤一致，在此就不再详述了。

6.4.2　二次放样

在制作一些如桌布、床罩、窗帘等的复杂模型时，可以创建一条放样路径，使用多个不同的截面图形。

下面通过制作一个圆形台布，来介绍两个截面创建复杂模型的操作技法。

（1）创建放样的图形：单击 3ds Max 工作界面右侧命令面板中的【创建】 ➕ →【图形】 ➕ → 圆 ，在顶视图中建立一个半径为 400 的圆形桌面；选择【图形】 ➕ → 星形 ，在顶视图中建立一个半径 1 为 500，半径 2 为 460，点为 20，圆角半径 1 为 20，圆角半径 2 为 18 的星形，作为桌布底面，并使用对齐工具 ▮ 将图形沿 X、Y 轴对齐。

（2）创建放样的路径，选择【图形】 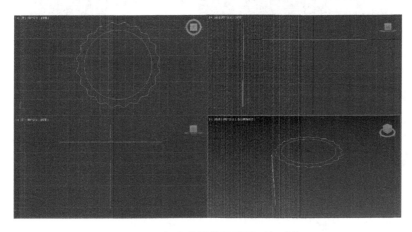 → 线 ，在前视图中绘制一条长度为 780 的直线路径，作为桌子的高度，如图 6.17 所示。

图 6.17　创建放样的截面图形与路径

（3）选择路径作为当前物体，点击【创建命令】面板，在标准基本体的下拉列表中，单击【复合对象】→【放样】，在【创建方法】卷展栏中，点击【获取图形】，生成三维模型，如图 6.18 所示。

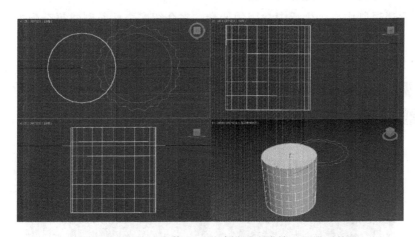

图 6.18　选取第一个截面图形放样后生成的三维模型效果

（4）将【路径参数】卷展栏中的路径的参数设定为 100，再次选择获取图形，在视图中单击星形截面，获取底面图形，通过两次获取截面，放样得到的桌布效果如图 6.19 所示。

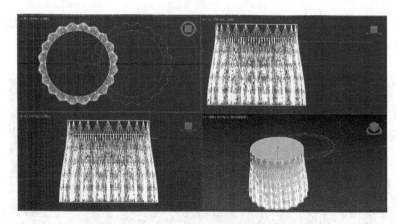

图 6.19　使用两次获取截面放样的桌布效果

6.4.3　多次放样

【路径参数】卷展栏中的路径中的数值，是一个百分比数值，0 是路径起点位置，100 是路径结束位置，50 则是路径 50% 的位置；通过在路径选项中输入不同的数值，在路径的不同位置多次获取不同的截面图形，完成更为复杂物体的放样工作，如牙膏、护手霜等的产品包装。

下面通过制作一个生活中常用的牙膏，来介绍多个截面创建复杂模型的操作技法。

（1）创建放样的图形：单击命令面板中的【创建】 **＋** →【图形】 **◆** → **圆** ，在前视图中建立三个半径分别为 20、7、6 的圆形；选择【图形】 **◆** → **矩形** ，在前视图中建立一个长度为 1，宽度为 58 的矩形，如图 6.20 所示。

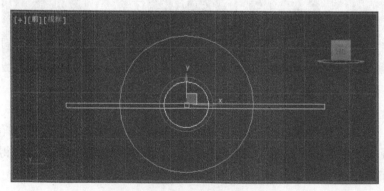

图 6.20　创建牙膏的截面图形

（2）创建放样的路径：选择【图形】 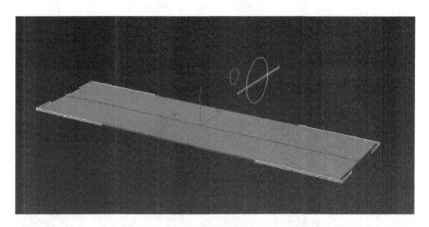 🔸→ ▮▮▮线▮▮▮ ，在顶视图中绘制一条长度为210的直线路径，作为牙膏的长度。

（3）选择直线路径作为当前物体，点击创建命令面板，在标准基本体的下拉列表中，单击【复合对象】→【放样】，在【创建方法】卷展栏中，点击获取图形，在前视图中点取矩形，生成三维模型，如图6.21所示。

图6.21　选取第一个截面图形放样后生成的牙膏三维模型效果

（4）将【路径参数】卷展栏中的路径的参数设定为5，再次选择获取图形，在视图中再次单击矩形截面，得到牙膏模型效果如图6.22所示。

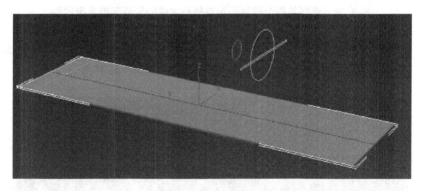

图6.22　选取第二个截面图形放样后生成的牙膏三维模型效果

（5）将【路径参数】卷展栏中的路径的参数设定为90，再次选择获取图形，在视图中再次单击最大圆，得到牙膏效果如图6.23所示。

（6）将【路径参数】卷展栏中的路径的参数设定为94，再次选择获取图形，在视图中再次单击中间大小的圆，得到牙膏效果如图6.24所示。

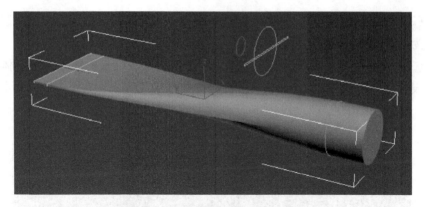

图 6.23　选取第三个截面图形放样后生成的牙膏三维模型效果

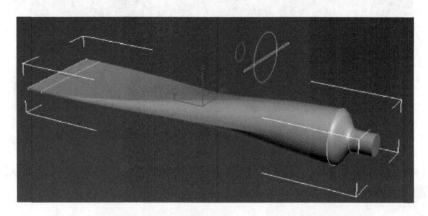

图 6.24　选取第四个截面图形放样后生成的牙膏三维模型效果

（7）将【路径参数】卷展栏中的路径的参数设定为 100，再次选择获取图形，在视图中再次单击最小圆，得到牙膏最终效果如图 6.25 所示。

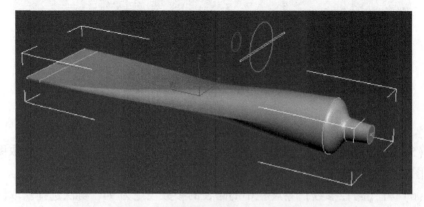

图 6.25　选取第五个截面图形放样后生成的牙膏三维模型效果

（8）创建一个半径 1 为 8，半径 2 为 7，点为 30 的星形，并右击转换为可编辑样条线，将全部顶点平滑处理，作为图形截面；另外一条长度 18 的直线作为路径，使用放样命令得到牙膏的盖子，如图 6.26 所示。

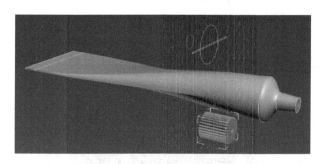

图 6.26　放样出牙膏盖子

（9）进入修改命令面板，选择 FFD 3 ＊ 3 ＊ 3 修改器，在选择集中选择控制点，在顶视图中选择牙膏盖前部的控制点，使用选择并均匀缩放工具进行调节，最终效果如图 6.27 所示。

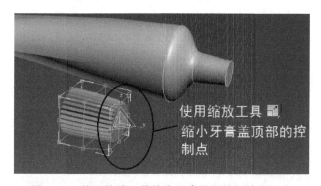

图 6.27　使用缩放工具缩小牙膏盖子前部的控制点

（10）移动牙膏盖子到牙膏口的位置，最终效果如图 6.28 所示。

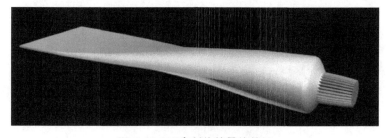

图 6.28　牙膏制作的最终效果

6.4.4 放样变形

物体的造型千变万化，可以使用缩放变形命令对放样后的物体进行调节修改，可以使物体造型更加多变。

打开【变形】卷展栏中的缩放变形命令，弹出【缩放变形】对话框，可以对物体的外形进一步修改，如图 6.29、6.30、6.31 所示。

图 6.29　【变形】卷展栏

图 6.30　通过【缩放变形】对话框调整牙膏的外形

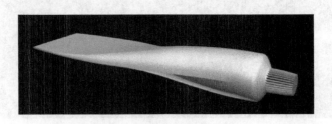

图 6.31　调整后牙膏的外形

6.5　本章小结

本章重点讲述了 3ds Max 的复合建模方式，学习了超级布尔运算的实际运用，三维模型中布尔运算的并集、差集与交集的运算技巧；通过制作蚊香、牙膏等学习了一次放样、二次放样及多次放样的操作技法等。

第7章

高级模型

本章主要介绍 3ds Max2020 中文版的高级建模方式，重点学习多边形建模及可编辑网格建模方式，通过循序渐进的讲述及实例制作来对多边形建模及网格建模进行剖析，使学习者全面地了解和掌握这两种建模方式。

7.1　高级模型的类型

3ds Max 高级模型常用的是多边形建模和网格建模，这两种建模方式在动画角色制作中应用最多，在简单的长方体或其他物体基础上进行模型深入编辑修改，是多边形建模和网格建的最大优点。

在使用多边形建模和网格建模之前，最好在纸上绘制一些简单的草图，对将要创建的角色有整体的把握，可以提高制作的速度，这两种建模方式必须反复运用，才能熟练操作。

在创建好的三维模型上右击，弹出【转换为：】快捷菜单，选择转换为可编辑网格或转换为可编辑多边形，如图 7.1 所示。

图 7.1　【转换为：】快捷菜单

7.2　多边形建模与网格建模的区别

可编辑多边形是当前的主流操作方法，比可编辑网格具有更大的优越性。多边形物体的面可以是三角形面、四边形面或具有任何多个节点的多边形面，比网格编辑具有更多更方便的修改功能。网格对象将"面"子对象定义为三角形，适合生物以及人体；而多边形对象将"面"子对象定义为多边形，适合建筑以及工业产品造型，多边形建模是创建低级模型首选的建模方法。

7.3　多边形建模

多边形建模在 3ds Max 是应用最早、最广泛的建模方式，早期主要用于游戏制作，其制作方法实用。多边形建模的基础是标准几何体和扩展几何体，比较容易掌握，在创建复杂表面时，细节部分可任意加线，在制作结构穿插关系复杂的模型中表现出很强的优势。

7.3.1　多边形的子物体层级

将一个物体塌陷为可编辑多边形后，就会显示多边形的子物体层级，如图 7.2 所示。多边形包括顶点、边、边界、多边形、元素 5 种子物体层级，通过对该多边形物体的各种子物体进行编辑和修改来实现建模过程。

图 7.2　多边形的子物体层级

7.3.2 子物体层级编辑模式

子物体层级编辑模式有收缩、扩大、环形及循环四种编辑方式，如图 7.3 所示。

图 7.3 子物体层级编辑模式

7.3.3 多边形的操作命令

多边形有许多的操作命令，常用的操作命令如图 7.4 所示。

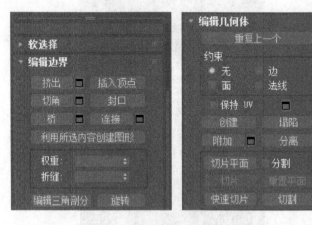

图 7.4 多边形常用的操作命令

（1）挤出：是最常用的多边形命令。通过对选择面进行挤压产生新的面，可以对面进行连续挤压操作，只需每次设置好值后，按 Apply 按钮指定一下即可；或单击【挤出】按钮，在场景中选中面直接进行挤压。

（2）附加：可以将其他的物体合并到当前的多边形中，变为多边形中的一个元素，可以合并 3ds Max 中创建的大部分物体。

（3）分离：将选择部分从当前多边形中分离出去。

（4）删除：按 Delete 键就可以删除选中的节点，当删除一些点的时候，那么包含这些点的面都会因失去基础而消失，这样就产生出了洞；使用删除命令，包含这些点的面不会消失，而把基础转移到与删除的点邻近的点上，所以不会出现漏洞。

（5）打断：将选中的点分解，打断后就分解为相应数目的点，仅适用于点层级。

（6）分离：是边的打断命令，将一条边分解为两条边，适用于边层级。

7.3.4 多边形的应用实例

本章内容以放样课程制作的蚊香为例，介绍多边形建模的操作技法。

（1）打开存储的"蚊香 .max"文件，选择蚊香模型，在修改命令面板中，打开【蒙皮参数】卷展栏，调节路径步数为 2，降低放样蚊香的路径步数；勾选优化图形选项，优化截面图形，如图 7.5 所示。

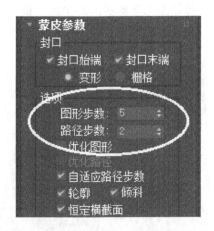

图 7.5 修改蚊香的路径步数并优化截面图形

（2）优化后的蚊香物体如图 7.6 所示，这种变化便于多边形的编辑。在蚊香上右击，弹出【转换为……】快捷菜单，选择转换为可编辑多边形，将放样的蚊香踏陷为多边形。转换为可编辑多边形后，蚊香物体便不再是一个整体，通过选择不同的选项可以编辑物体的点、线、面及体。

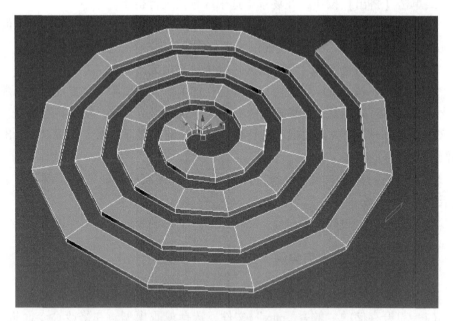

图 7.6　蚊香修改路径步数并优化截面图形后效果

（3）按 ALT+W，最大化透视图，在右侧修改面板的【选择】卷展栏中，点击多边形子物体层级，选择如图 7.7 所示的那个面，面变成红色，意味着面已经是物体的操作单位，移动面就可使改变物体的形状，这里挤压大约三次。

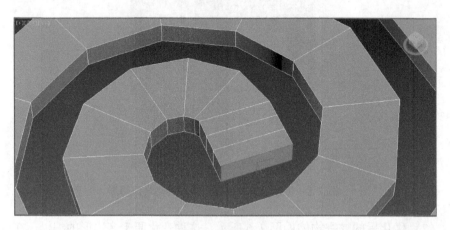

图 7.7　选择多边形

（4）在右侧修改面板的【选择】卷展栏中，点击顶点子物体，移动调节挤出的顶点使之成为如图 7.8 所示的形状。

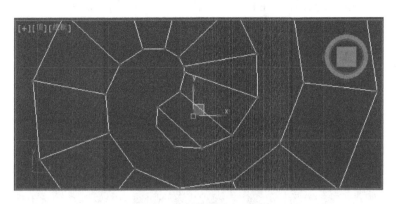

图 7.8　调节挤出的顶点

（5）选择蚊香头部的面挤压一次，如图 7.9 所示。

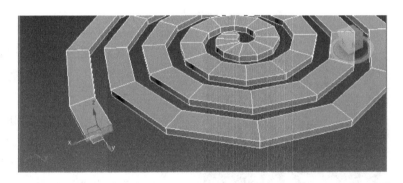

图 7.9　挤压多边形

（6）移动调节挤出的顶点使之成为如图 7.10 所示的形状，蚊香的头部和尾部的外形调节完成。

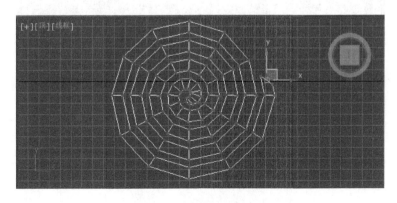

图 7.10　调节挤出的顶点

（7）调节蚊香的边缘。在右侧修改面板的【选择】卷展栏中，点击边子物体，选择边 1，在按住 Ctrl 键，选择边 2、边 3、边 4，再使用选择卷展栏下的循环工具，选择蚊香上面的所有边，如图 7.11 所示。

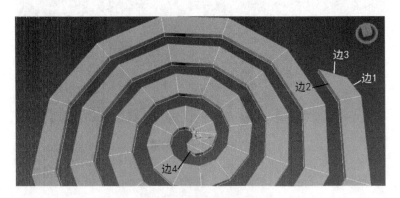

图 7.11　选择蚊香上面的所有边

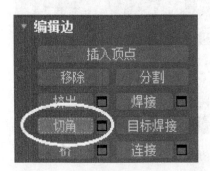

图 7.12　选择切角工具

（8）选择【编辑边】卷展栏，点击切角工具![切角]，如图 7.12 所示。

（9）在出现的边切角量中输入切角数值 1，输入数值后，点击"√"，把选择好的蚊香上部的边进行切角，如图 7.13 所示。

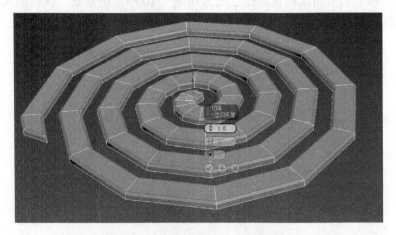

图 7.13　将蚊香上部的边进行切角

（10）点击"×"，关闭切角输入。使用同样的操作方法，选择蚊香下面的边，把蚊香下部的边进行切角，蚊香的正面的折角边会圆滑些，反面边有很小的棱角，因此切角的数量要小于上部的切角量，看起来合适即可，同样把蚊香头部的两条边切角，数值为 0.2，如图 7.14 所示。

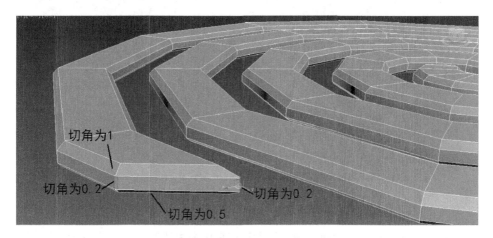

图 7.14　将蚊香下面的边进行切角

（11）从图中可以看出，这是产生了几个多余的节点，选择节点 a，点击目标焊接，移动顶点 a 到顶点 b 的位置，将顶点 a、b 焊接到一起，采用同样的方法，把其他的三个多余顶点消除，如图 7.15 所示。

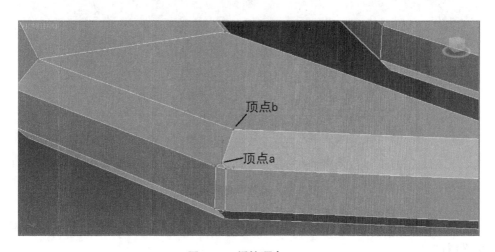

图 7.15　焊接顶点 a、b

（12）选择线框显示模式，把物体的背面线框显示出来，这样会看得清楚些。插入一个多边形，如图 7.16 所示。

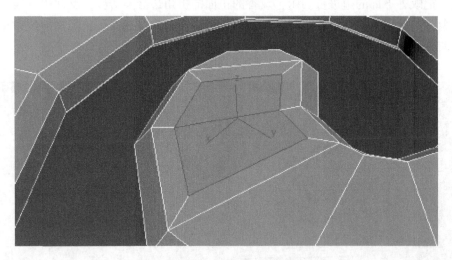

图 7.16 插入多边形

（13）选择并缩放多边形，然后删除上下几个多边形，这样就挖出了一个空洞，如图 7.17 所示。

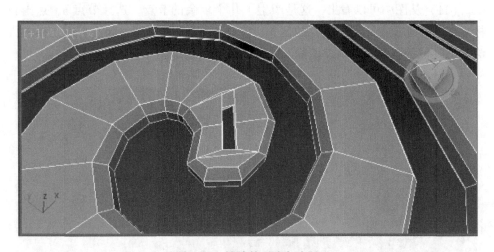

图 7.17 缩放并删除多边形

（14）将图中的边进行倒角，把生成的几个点删掉，调整布线，然后选择网格平滑即可。

7.4 网格建模

编辑网格命令（Editable Mesh）是 3ds Max 效果图制作中的基础命令，与"编辑多边形"中的命令操作方式基本相同。

7.4.1 网格的子物体层级

将一个物体塌陷为可编辑网格后，就会显示网格的子物体层级，网格模型与多边形模型都包含 5 种子物体层级，如图 7.18 所示。

7.4.2 网格的操作命令

网格有许多的操作命令，常用的操作命令如图 7.19 所示。

图 7.18 编辑网格的子物体层级

图 7.19 网格的常用命令

（1）挤出：是最常用的网格命令。通过对选择面进行挤压产生新的面，可以对面进行连续挤压操作，只需每次设置好值后按 Apply 按钮指定一下即可；或单击【挤出】按钮，在场景中选中面直接进行挤压。

（2）倒角：对选择面进行挤出成型。

（3）焊接：用于顶点之间的焊接操作，这种空间焊接技术比较复杂，要求在三维空间内移动和确定顶点之间的位置。

7.4.3　为网格模型指定 ID 号

在创建复杂三维模型后，一般都要为模型材质指定不同的材质 ID 号，使用编辑网格物体来指定会更方便，只需要给物体添加一个编辑网格修改器，然后在次物体层级分别选择面，然后打开材质编辑器分别按"将材质指定给选定对象"按钮来指定材质就好了，系统会自动生成一个多维子材质，自动给面指定材质 ID。

7.4.4　网格建模的应用实例

本节通过制作一个台灯的实例，来演示编辑网格命令的操作方法。

（1）打开 3ds Max 程序，单击【创建】 ➡ →【几何体】→【圆柱体】按钮，在任意视图中创建一个圆柱体，单击进入【修改】命令面板，设置半径为 90，高度为 20，高度分段为 1，端面分段为 1，边数为 24。将透视图显示默认明暗处理+边面，如图 7.20 所示。

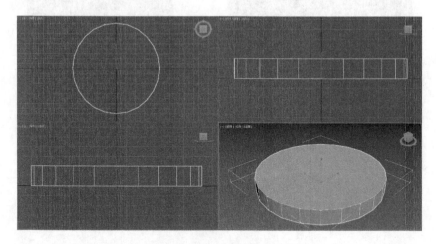

图 7.20　创建圆柱体

（2）选中圆柱体，在修改器列表中选择"编辑网格"命令，进入网格的"多边形"次物体层级 ▦ ，选择圆柱体顶面的多边形，如图 7.21 所示。

（3）单击【编辑几何体】卷展栏的挤出，输入 5，将选中的多边形挤出 5 个单位的高度，如图 7.22 所示。

（4）单击【编辑几何体】卷展栏的倒角，输入倒角值−5，为其倒角−5 个单

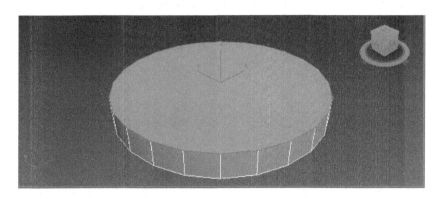

图 7.21 选择圆柱体顶面的多边形

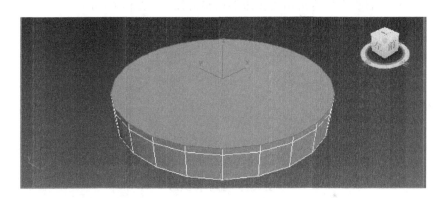

图 7.22 挤出高度

位，如图 7.23 所示。

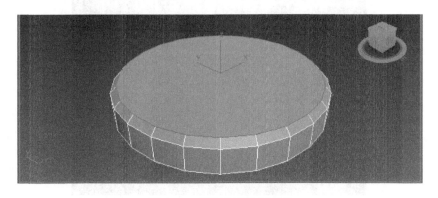

图 7.23 将多边形进行倒角

（5）继续挤出 10 个单位的高度，如图 7.24 所示。

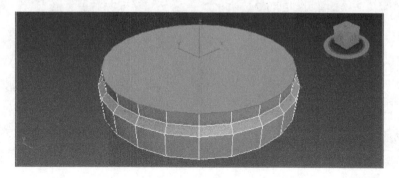

图 **7.24** 挤出高度

（6）使用缩放工具将挤出的多边形调整为如图 7.25 所示形状。

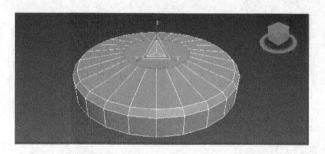

图 **7.25** 缩放多边形

（7）继续挤出 40 个单位的高度，如图 7.26 所示。

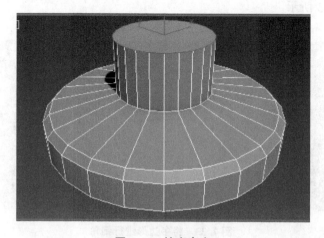

图 **7.26** 挤出高度

（8）输入倒角值-10，为其倒角-10 个单位，如图 7.27 所示。

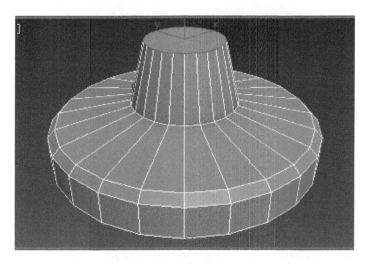

图 7.27　将多边形进行倒角

（9）再次挤出高度 5，输入倒角值-20，为其倒角-20 个单位，如图 7.28 所示。

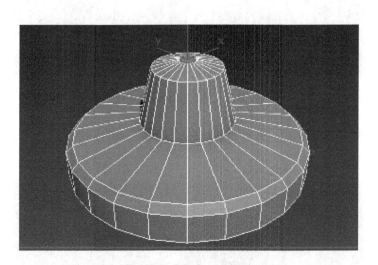

图 7.28　将多边形挤出并进行倒角

（10）将多边形挤出高度 200、10，如图 7.29 所示。

（11）在修改面板中选择"点"次物体层级，在左视图中选择刚才挤出来的系列点，使用移动工具将其调整为如图 7.30 所示的位置形状。

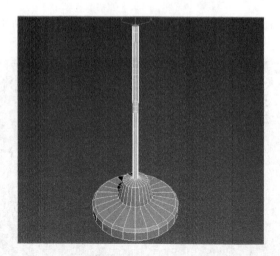

图 7.29　将多边形挤出

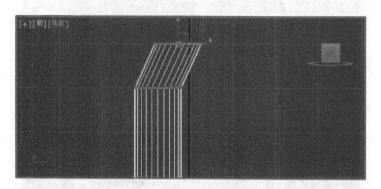

图 7.30　调整挤出的系列点

（12）多次挤出约 10，并移动挤出的点，调整点的位置，直至合适为止，如图 7.31 所示。

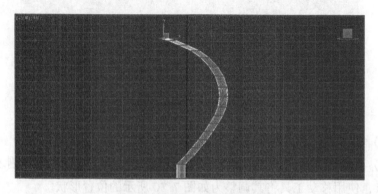

图 7.31　调整挤出的系列点

（13）再次挤出 80，如图 7.32 所示。

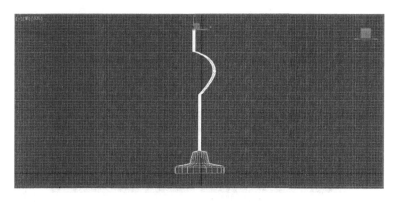

图 7.32　挤出多边形

（14）输入倒角值 120，为其倒角 120 个单位，如图 7.33 所示。

图 7.33　将挤出多边形倒角

（15）在修改面板中选择"点"次物体层级 ，在左视图中选择最顶部的系列点，使用移动工具和旋转工具将其调整为如图 7.34 所示的位置形状。

图 7.34　调整挤出的系列点

（16）选择多边形，挤出两次高度均为 2，如图 7.35 所示。

图 7.35　挤出多边形

（17）输入倒角值 110，为其倒角 118 个单位，如图 7.36 所示。

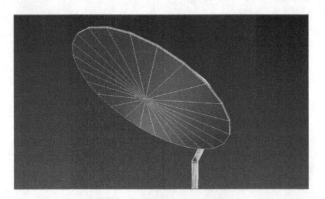

图 7.36　将挤出多边形倒角

（18）移动点到合适位置，如图 7.37 所示。

图 7.37　调整挤出的点

（19）选中节点，使用缩放工具缩小所选节点，进一步调整灯罩的形状，如图 7.38 所示。

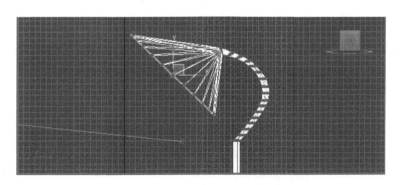

图 7.38　通过缩放工具调整挤出的点

（20）退出对次物体的选择（即再次选择正被选择的次物体或单击顶层对象），从修改器列表中选择"网格平滑"命令，设置迭代次数为 3，对台灯进行平滑，并赋予亚光金属材质；创建一个圆球体作为灯泡，并赋予自发光材质，最终渲染效果如图 7.39 所示。

图 7.39　台灯的渲染效果

7.5　本章小结

　　本章主要介绍中文版 3ds Max2020 高级模型的使用技法，掌握多边形的编辑技巧，可编辑网格的编辑技巧等，并介绍了多边形及网格的常用操作命令，尤其是多边形建模方式，学习者应多多练习。

第 8 章

材质与贴图

本章主要介绍 3ds Max2020 中文版材质与贴图的使用技法，掌握基本材质的编辑技巧，学习标准材质、双面材质及多维/子对象材质等的制作技法，金属材质、平面镜材质、线框材质的应用等。

8.1 材质与贴图的基础知识

在 3ds Max 软件中，材质和贴图主要用来描述物体表面的物质形态，模拟真实环境中自然物质表面的效果。"材质"用来指定物体的表面或数个面的特性，材质是材料和质感的结合，如物体表面的色彩、纹理、光滑度、透明度、反射率、折射率、发光度等物体自身的材质特性；指定到材质上的图形称为"贴图"，如同给物体赋予一件外衣。通过赋予三维模型的材质与贴图，使物体表面显示出不同的质地，色彩和纹理，可以营造三维物体的真实效果，取得事半功倍的效果。

8.2 材质编辑器

在 3ds Max 中材质与贴图的建立和编辑，都是通过材质编辑器来完成。材质编辑器有精简材质编辑器▦和 slate 材质编辑器▨两种不同版面，这两种材质编辑器之间可以互相转换，使用者可以自行选择一种，一般使用精简材质编辑器的比较多。

打开材质编辑器的方法有三种：第一种是在主菜单栏中选择【渲染】→【材质编辑器】命令；第二种是在工具栏中单击【材质编辑器】按钮▨或▦；第三种是按下快捷键 M，都可打开【材质编辑器】对话框，系统默认的是 slate

材质编辑器，单击【模式】菜单，可以转换成为另一种精简材质编辑器模式，如图 8.1 所示。

图 8.1 【材质编辑器】的转换方式

精简材质编辑器是常用的一种材质编辑器，本章节的所有材质与贴图的操作都在精简材质编辑器中进行，如图 8.2 所示。

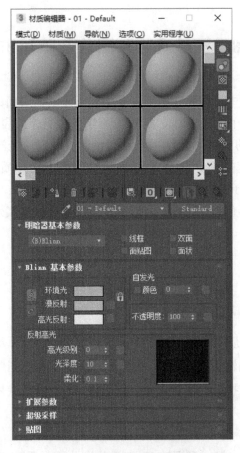

图 8.2 【材质编辑器】对话框

材质编辑器主要包括菜单栏、材质示例窗、垂直与水平工具栏、材质名称、材质类型按钮和材质编辑器参数面板共 7 个部分。精简材质编辑器的主要功能介绍。

（1）材质示例窗：可以预览材质和贴图，可以更改材质，还可以把材质应用于场景中的物体。在选定的示例窗内单击鼠标右键，弹出显示属性菜单，可以根据当前场景的复杂程度来决定显示的示例窗样本球的数量是 3×2 个、5×3 个或 6×4 个，每个窗口显示一个材质。默认状态下示例显示为球体。

（2）垂直和水平工具栏：在材质编辑器示例窗下面和右侧，主要是用于管理和更改材质及贴图的按钮和其他控件。

（3）材质编辑器参数面板：位于材质编辑器工具的下面，主要是针对不同的材质的详细参数面板，包括了明暗器基本参数、Blinn 基本参数、扩展参数、超级采样、贴图、动力学参数、mental ray 连接等 7 个参数栏。

小提示

（1）【材质编辑器】对话框是浮动的，可将其拖拽到屏幕的任意位置，这样便于观看场景中材质赋予对象的结果。

（2）名称栏中显示当前材质名称；下半部分为可变区，从 Basic Parameters 卷展栏开始包括各种参数卷展栏。

（3）材质需要和灯光调节配合，才能达到最佳效果，二者是分不开的，即使相同的材质和贴图，在不同的光照下显示的效果也完全不同。

8.3　材质的基本编辑

8.3.1　保存材质

选择材质球的材质，点击放入库按钮，打开【放置到库】对话框，如图 8.3 所示。

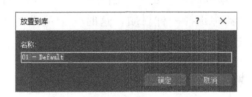

图 8.3　【放置到库】对话框

输入材质的名称，点击【确定】。点击获取材质按钮 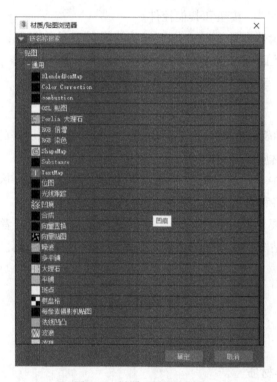 ，打开材质/贴图浏览器，在临时库里就可以看见刚保存的材质。

8.3.2　获取材质

通过单击材质编辑器工具栏中的获取材质按钮■，可以从其他来源获取一个新的已存在的材质。或单击【获取材质】，会弹出材质/贴图浏览器，如图 8.4 所示。

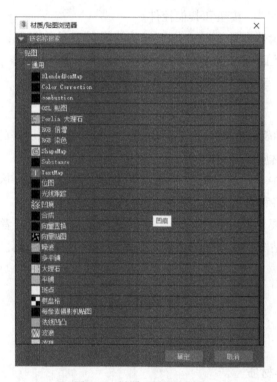

图 8.4　材质/贴图浏览器

使用材质/贴图浏览器可以多种方式获取材质。从选定的对象上、从场景中及从材质库中等都可以获取材质，也可以新建的方式获取一个材质。

在材质/贴图游览器中选择一种材质，这时一个渲染的示例就会显示出材质的预览效果，双击选定材质，即可将它们放置到激活的示例窗内。

8.3.3　保存和删除材质

在材质编辑器中，将材质保存到材质/贴图浏览器中的一个库文件中。在材质编辑器的工具栏中，单击将材质放入场景按钮██；或直接用鼠标从示例窗将材质拖到材质/贴图浏览器中。

在材质编辑器中，单击重置贴图/材质为默认设置按钮██，就可以从库中删除单个材质或贴图。

8.3.4　赋予材质

要在场景中使用材质，必须将材质赋予场景中的对象。最简单的赋材质的方法就是用鼠标将材质直接拖拽到视窗中的物体上。

（1）创建一个任意模型，选择场景中的模型。

（2）按 M 键，或单击材质编辑器按钮██，在弹出的材质编辑器中选择一个示例窗。

（3）单击编辑器中工具栏上的将材质指定给选定对象按钮██，就可以将示例窗中的材质赋予了选择场景中的模型。

8.4　材质的基本类型

在 3ds Max 中，每一种材质都包含了颜色、质感、反射、折射和纹理等方面的内容，这些内容的变化和组合，在不同的光照的条件下，就会呈现出不同的视觉效果。有单层级材质如标准材质等；各种贴图和材质混合在一起的多层级材质，如多维/子对象材质等。常用的材质类型有标准材质、混合材质、双面材质、无光/投影材质、多维/子对象材质及光线跟踪材质等，还可以通过标准材质里面调节出金属材质、玻璃材质、自发光材质等。

8.4.1　双面材质

双面材质常用来制作内外不同的材质效果。下面以盘子的制作为例，介绍双面材质的具体操作步骤。

（1）在场景中创建三维模型。

（2）按 M 键，打开精简材质编辑器，选定一个样本球，单击将材质指定给选定对象图标██，为模型赋予材质。

（3）点击材质编辑器中的 ██ Standard ██，打开【材质/贴图浏览器】，找到双面材质，如图 8.5 所示。

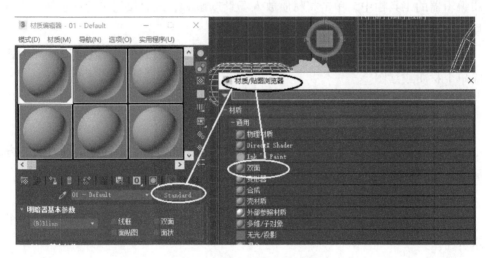

图 8.5　【材质/贴图浏览器】

（4）在双面材质上双击，将双面材质赋予模型，弹出【替换材质】对话框，如图 8.6 所示。

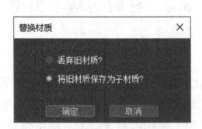

图 8.6　【替换材质】对话框

（5）点击【确定】，如图 8.7 所示。

图 8.7　通过【贴图】参数栏调节正面与背面材质

（6）点击正面材质后面的 01 - Default （Standard），进入【材质编辑器】原始界面，选择调节相应的材质与贴图。

（7）使用同样的方法，完成背面材质与贴图的制作。

（8）按 F9，渲染透视图，完成双面材质的效果制作，如图 8.8 所示。

图 8.8　双面材质效果

8.4.2　多维/子材质材质

多维/子材质常用来制作不同的材质效果。下面以戒指为例，介绍多维/子材质的具体操作步骤。

（1）在场景中创建一个三维模型。

（2）在使用多维/子材质之前，需要对三维物体的设置相应的 ID 号，在模型上右击，弹出将物体转换为可编辑网格。

（3）在右侧点击多边形子对象，如图 8.9 所示。

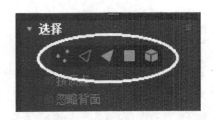

图 8.9　选择多边形子对象

（4）向上推动卷展栏，打开【曲面属性】卷展栏，选中场景中物体的一个面，为选中面指定 ID 号，如图 8.10 所示。

图 8.10　为选中面指定 ID 号

（5）使用同样的方法，将其他面指定 ID 号。

（6）按下 M 键，打开精简材质编辑器，选定第一个样本球，单击将材质指定给选定对象图标 ，为模型赋予材质。

（7）点击材质编辑器中的 Standard ，打开材质/贴图浏览器，找到多维/子对象，如图 8.11 所示。

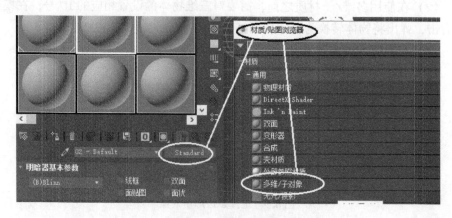

图 8.11　多维/子对象

（8）在多维/子对象上双击鼠标，将多维/子对象赋予模型，弹出【替换材质】对话框如图 8.12 所示。

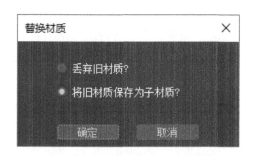

图 8.12　【替换材质】对话框

（9）点击【确定】，打开【多维/子对象基本参数】卷展栏，如图 8.13 所示。

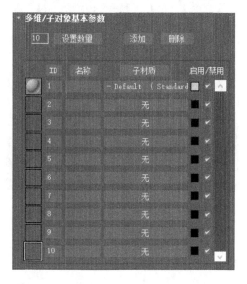

图 8.13　【多维/子对象基本参数】卷展栏

（10）默认的数量为 10，也可以自行设置数量，点击【设置数量】按钮，弹出【设置材质数量】对话框，将数量设置为 4，如图 8.14 所示。

图 8.14　通过【设置材质数量】对话框设置材质数量

（11）点击后面的 - Default （Standard，进入【材质编辑器】原始界面，调节相应的材质与贴图。

（12）使用同样的方法，完成其他面的材质与贴图制作。

（13）按 F9 键，渲染透视图，完成多维/子对象材质的效果如图 8.15 所示。

图 8.15　多维/子对象材质的渲染效果

8.4.3　金属材质

金属效果一般可以选择一幅大的精度高的金属类位图，将贴图赋予模型，就可以完成金属效果的制作，这样方式速度比较快，不产生光线跟踪计算。但是，效果不是太逼真，只能应用在一般精度的场景中，高精度的金属效果需要深入地调节。本章以黄色金属材质为例，介绍金属材质的具体操作步骤。

（1）创建一个三维模型。

（2）按 M 键，打开精简材质编辑器，选定第一个样本球，单击将材质指定给选定对象按钮 ，为模型赋予材质，如图 8.16 所示。

（3）点击【金属基本参数】卷展栏中的漫反射后面的颜色色块，调节金属的颜色，在弹出的【颜色选择器】面板中将红、绿、蓝分别设成 195、130、17，

图 8.16　在精简材质编辑器中选择金属材质

如图 8.17 所示。

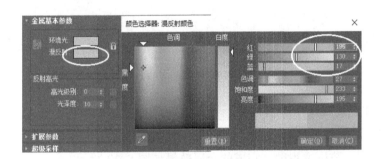

图 8.17　通过【颜色选择器】面板调节金属颜色

（4）设置反射高光选项的参数，调节材质的高光属性，调整高光级别为 896，光泽度为 83，得到一般金属效果，如图 8.18 所示。

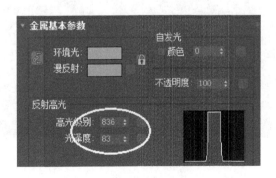

图 8.18　通过反射高光选项调节金属高光属性

（5）进入【贴图】参数栏，单击"反射"后的"无贴图"按钮，弹出材质/贴图浏览器，找到光线跟踪，如图 8.19 所示。

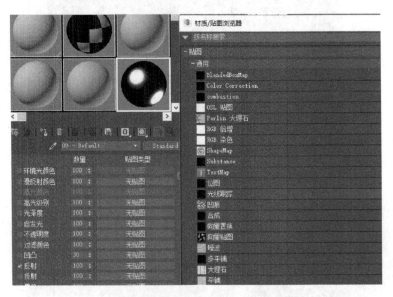

图 8.19　通过【材质/贴图浏览器】设置光线跟踪

（6）在光线跟踪上双击鼠标，将光线跟踪材质赋予模型，选择材质编辑器中的返回父对象按钮，返回【贴图】参数栏，调整光线跟踪的参数数量为 19，按 F9 键，渲染透视图，完成的金属效果如图 8.20 所示。

图 8.20　金属材质的渲染效果

小提示

材质的调节应该与灯光配合应用，同时材质的数值都不是固定不变的，材质的数值设计者可以根据场景及物体的颜色，任意调节，如不锈钢材质就需要调整颜色为灰色。

8.4.4　玻璃材质

玻璃品种很多，常用的有清玻璃、印花玻璃、磨砂玻璃及龟纹玻璃等。下面以清玻璃的材质制作为例，介绍玻璃材质的具体操作步骤。

（1）在场景中创建一个三维模型。

（2）按 M 键，打开精简材质编辑器，选定第一个样本球，单击将材质指定给选定对象图标，为模型赋予材质。点击背景按钮，为玻璃材质赋予背景，如图 8.21 所示。

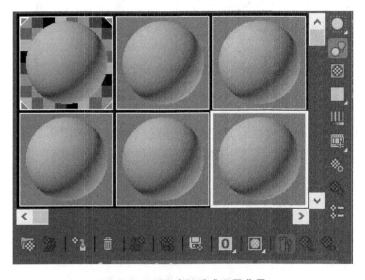

图 8.21　为玻璃材质球设置背景

（3）调节玻璃的颜色：点击【Blinn 基本参数】卷展栏中的漫反射后面的颜色色块，在【颜色选择器】面板中将红、绿、蓝分别设成 54、160、161，使玻璃的颜色成为淡蓝色；设置反射高光选项的参数，调整高光级别为 66，光泽度为 10，如图 8.22 所示。

（4）进入【扩展参数】卷展栏，调节高级透明下的衰减为"外"，数量为 100，如图 8.23 所示。

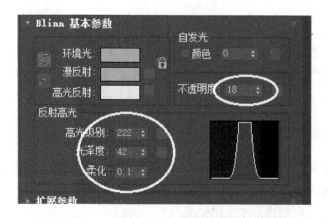

图 8.22　通过反射高光选项调节玻璃高光属性

图 8.23　通过【扩展参数】卷展栏调节透明的衰减及数量

（5）按下 F9，渲染透视图，完成的玻璃效果制作，如图 8.24 所示。

图 8.24　玻璃材质的渲染效果

8.4.5　自发光材质

自发光材质常用于灯具的制作。下面以台灯的材质制作为例，介绍自发光材质材质的具体操作步骤。

（1）在场景中打开灯具文件。

（2）按下 M 键，打开精简材质编辑器，选定第一个样本球，单击将材质指定给选定对象图标，为模型赋予材质。

（3）调节玻璃的颜色：点击【Blinn 基本参数】卷展栏中的漫反射后面的颜色色块，在【颜色选择器】面板中将红、绿、蓝都设成 255，使颜色成为白色；设置自发光参数为 100，如图 8.25 所示。

图 8.25　通过调节颜色与自发光属性

（4）按下 F9，渲染透视图，完成的台灯的效果制作，如图 8.26 所示。

图 8.26　自发光材质的渲染效果

8.4.6　线框材质

线框材质常用来制作框线、地砖拼缝等效果。下面以塑料垃圾桶的制作为例，介绍线框材质的具体操作步骤。

（1）在场景中创建一个半径 1 为 15，半径 2 为 20，高度段数为 8，端面段数为 6，边数位 24 的圆锥体。将圆锥体改为可编辑多边形，将顶部的端面删掉，如图 8.27 所示。

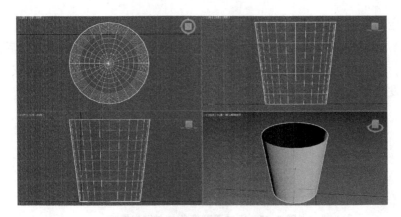

图 8.27 创建三维模型

（2）按 M 键，打开精简材质编辑器，选定第一个样本球，单击将材质指定给选定对象图标![icon]，为模型赋予材质。

（3）点击【明暗器基本参数】卷展栏中的线框，材质样本球变为线框；为了双面可见，同时勾选双面材质。调节线框的颜色：点击【Blinn 基本参数】卷展栏中的漫反射后面的颜色色块，在【颜色选择器】面板中调节线框的颜色为浅蓝色；设置反射高光选项的参数，调整高光级别为 66，光泽度为 10。如图 8.28 所示。

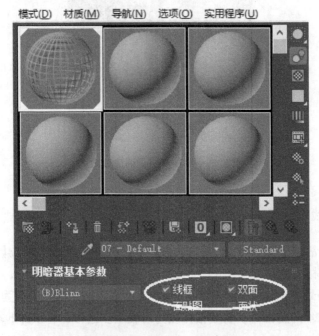

图 8.28 选取线框、双面材质

（4）进入【扩展参数】卷展栏，调节线框的大小为"5.0"，如图 8.29 所示。

图 8.29 通过【扩展参数】卷展栏设置线框大小

（5）按 F9，渲染透视图，完成效果如图 8.30 所示。

图 8.30 线框材质效果

8.5 模型的贴图

在 3ds Max 中，贴图是材质编辑系统的一部分，贴图的应用可以使材质效果更加逼真。

贴图通过贴图通道进行，通过添加各种贴图，配合材质基本参数的调节、灯光照明，可以创建出丰富的材质和效果。

根据材质制作方法，贴图分为程序贴图和纹理贴图两部分。程序贴图使用方便，对于复杂模型也不需要编辑物体的 UV 坐标，但具有一定的局限性。纹理贴图几乎能满足任何效果需要，大部分纹理贴图需要依靠外部的纹理素材，很多时候需要指定坐标。

贴图通道是 3ds Max 中表现物体材质极其重要的组成部分，贴图的引入都通过贴图通道进行，通过添加各种贴图，可以创建千变万化的材质和效果。一个贴图通道控制一个属性，可以根据需要选择贴图通道进行贴图。

8.5.1 位图贴图

使用位图贴图是使用频率最高的贴图类型，石材、木材、壁纸、地毯、图画等一般都可以使用位图贴图来完成。

下面以制作台灯的材质与贴图为例，介绍位图贴图的具体操作步骤。

（1）在场景中创建一个如图 8.33 所示的台灯三维模型。

（2）按 M 键，打开精简材质编辑器，选定一个样本球，单击将材质指定给选定对象按钮，为模型赋予材质。

（3）打开【贴图】卷展栏中，单击漫反射颜色后面的"无贴图"，弹出【材质/贴图浏览器】对话框，找到位图，如图 8.31 所示。

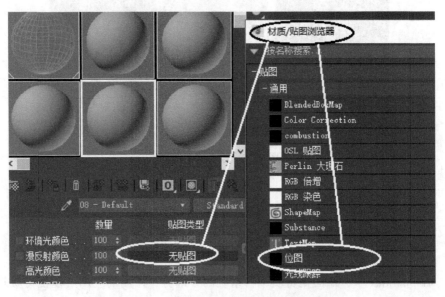

图 8.31　通过【材质/贴图浏览器】设置位图通道

（4）双击【位图】，打开【选择位图图像文件】对话框，找到保存的图片，单击【打开】，即可将图片赋予场景中的模型，如图 8.32 所示。

（5）为台灯赋予金属材质，按下 F9，渲染摄像机视图，完成的台灯贴图效果制作，如图 8.33 所示。

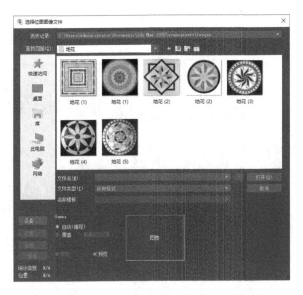

图 8.32　【选择位图图像文件】对话框

图 8.33　位图贴图的渲染效果

8.5.2　光线跟踪贴图

（1）在场景中创建一个三维模型。

（2）按 M 键，打开精简材质编辑器，选定第一个样本球，单击将材质指定给选定对象按钮，为模型赋予地面的贴图材质。

（3）打开【贴图】卷展栏中，在反射后面的"无贴图"，打开【材质/贴图浏览器】对话框，找到光线跟踪，如图 8.34 所示。

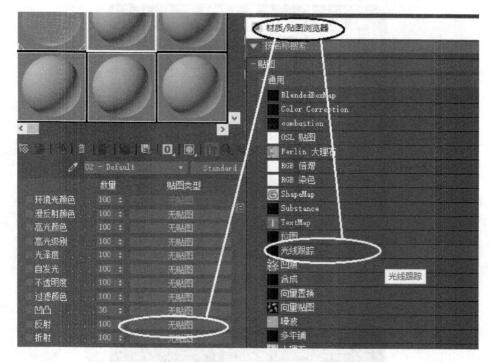

图 8.34　通过【材质/贴图浏览器】设置光线跟踪效果

（4）双击光线跟踪，返回【材质编辑器】，出现平面镜参数卷展栏，如图 8.35 所示。

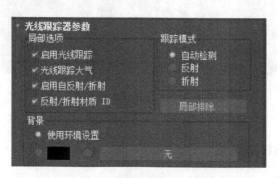

图 8.35　【光线跟踪参数】卷展栏

（5）选择默认的选项，选择材质编辑器中的返回父对象按钮，返回【贴图】参数栏，调整反射的数量为 20，如图 8.36 所示。

图 8.36　通过【贴图】参数栏调节反射数量

（6）按下 F9 键，渲染摄像机视图，完成地面的反射效果制作，如图 8.37 所示。

图 8.37　通过【贴图】参数栏调节反射

8.5.3　UVW 展开贴图命令

UVW 展开贴图是把模型的面展开后再进行表面更细致的贴图方式，适用于有较多的面、不同的形状的模型，一般人体贴图多用此贴图。

（1）在场景中创建一个礼品包装盒三维模型，如图 8.38 所示。

图 8.38　创建礼品包装盒三维模型

（2）按下 M 键，打开材料编辑器，选择材质球，点击漫反射后面的小方框，弹出材质/贴图浏览器，从中选择棋盘格，成立一个检查模式，可直观地看到材质贴图是否产生拉伸。如图 8.39 所示。

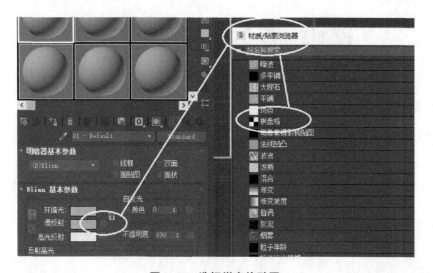

图 8.39　选择棋盘格贴图

（3）将坐标下的瓷砖选项的 U、V 的值均改为 15 或更高值，以便能更清楚地看到模型上一个细小的拉伸，并点击显示明暗材质，使在模型上呈现即时效果，如图 8.40 所示。

（4）设置好后，将材质赋给场景模型，如图 8.41 所示。

图 8.40　设置瓷砖的 uv 值

图 8.41　施加棋盘格材质效果

（5）将模型的 UV 进行拆分，在修改器列表下拉菜单中选择 UVW 展开，如图 8.42 所示。

图 8.42　选择 UVW 展开

（6）点击编辑 UV 参数栏中的打开 UV 编辑器按钮，弹出编辑 UVW 面板，如图 8.43 所示。

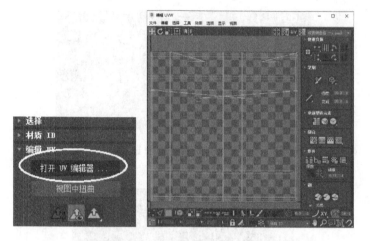

图 8.43　打开编辑 UVW 面板

（7）编辑 UVW 面板中包含了所有模型的 UV 信息，现在的 UV 布局较乱，应进行整理，将模型的每一个面自动拉平。在右侧命令面板中选择全部多边形，打开忽略背面 ⬚，然后应用编辑 UVW 面板面板中的贴图→展平贴图，如图 8.44 所示。

图 8.44　展平贴图

（8）弹出展平贴图对话框，一般选择默认设置即可，点击【确定】，如图 8.45 所示。

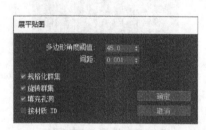

图 8.45　【展平贴图】

（9）现在的 UV 布局已经非常平整了，可以辨认出模型的具体区域。可以使用缝合命令进一步安排 UV，让相接的两个边重新整理到一起。在编辑 UVW 面板中, 选择边级别, 在 UV 中选择边, 红色和蓝色的边就是在模型中相连的边。寻找蓝色突出显示的部分, 选择缝合到目标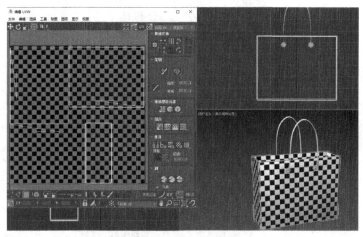, 会自动寻找缝合的边进行缝合, 将所有缝合好之后, 不满意之处, 选择缩放, 找到相应的 UV 部分, 调整大小, 直到模型格子为正方, 彻底没有拉伸。如图 8.46 所示。

图 8.46　展平后的效果

（10）将展平后的贴图渲染后, 利用 PhotoShop 软件进行贴图的编辑, 然后在调入使用；也可以将外部贴图赋予模型, 然后在编辑 UVW 面板中进行适配。将展平后的贴图渲染后, 利用 PhotoShop 软件进行贴图的编辑, 打开工具菜单下的渲染 UVW 模板, 如图 8.47 所示。

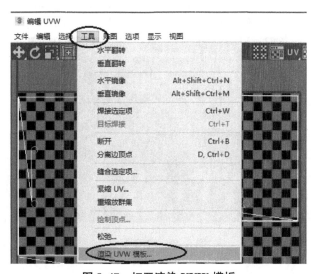

图 8.47　打开渲染 UVW 模板

（11）在弹出渲染 UVs 面板后，点击【渲染 UV 模板】按钮，出现渲染窗口，然后点击存储按钮，如图 8.48 所示。

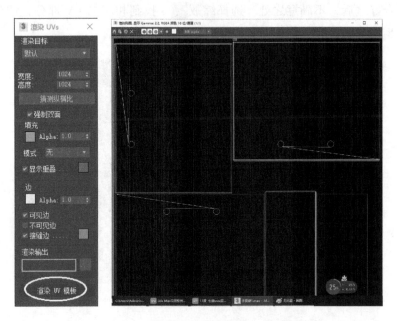

图 8.48　渲染设置

（12）将文件存储为 PNG 格式，在弹出的 PNG 配置中，选择默认后，点击【确定】。如图 8.49 所示。

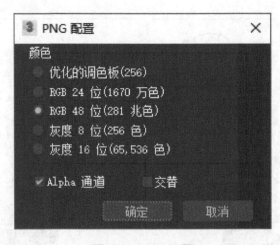

图 8.49　PNG 配置

（13）打开 PhotoShop 绘图软件，将存储的 PNG 文件打开，进行贴图绘制，完成后存储为 PNG 或 JPG 格式。返回 3ds Max，在编辑 UV 面板中，选择拾取纹理，弹出材质/贴图浏览器，如图 8.50 所示。

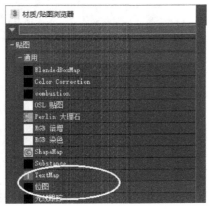

图 8.50 拾取纹理

（14）双击位图，打开选择位图图像文件对话框，选择刚用 PhotoShop 绘制的图片，双击或点击【确定】，将材质赋予到模型上，然后点击编辑 UV 面板右上角的贴图，改为新的贴图，如图 8.51 所示。

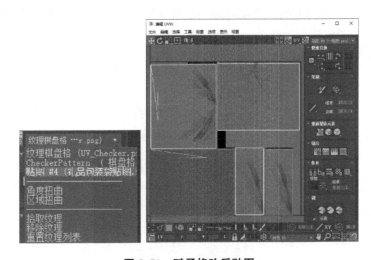

图 8.51 赋予修改后贴图

（15）如对贴图不满意，可以选择编辑 UVW 面板下面的边 、面 ，应用面板中的移动、旋转或缩放工具等进行调整即可，最终渲染效果如图 8.52

所示。

图 8.52　最终渲染效果

8.5.4　UVW 贴图命令

UVW 贴图是定义如何将贴图投影到三维对象的表面,是一种修改贴图命令。

从修改命令面板下的修改器列表中选择 UVW 贴图命令,即可给选中的对象添加 UVW 贴图坐标控制命令,从而编辑场景中已经赋予好的贴图,在许多网络教程中有 UVW 贴图的调节技巧,因篇幅所限就不再详细介绍了。

8.6　本章小结

本章主要介绍 3ds Max2020 中文版材质与贴图的使用技法,学习者应熟练掌握金属材质、平面镜材质、玻璃材质及线框材质等应用及各种贴图的使用调节技巧,为后续的专业效果图制作做好技术基础。

第 9 章

灯光

本章主要介绍 3ds Max2020 中文版灯光的使用技法，掌握泛光灯、目标聚光灯的操作技法，学习灯光的强度、颜色的调节，重点学习灯光的设置与调节技巧，熟悉灯光与材质的配合调节技法。3ds Max2020 场景中，灯光的数量、种类、照度及颜色等应根据场景需要设置，还要综合考虑灯光强弱、色调、衰减、阴影、是否曝光等。

9.1 灯光的基础知识

9.1.1 灯光的作用

3ds Max 灯光是模拟真实自然环境的光效果，有自然光和人工光，自然光是模拟太阳之类的光源，用在室外的场景中；人工光通常指室内场景中由灯具提供的光源。

新建立场景文件时，系统会自动提供一盏默认灯光，用于对场景进行照明，当为场景添加灯光后，默认灯光将自动消失。

9.1.2 灯光的布光方法

3ds Max 场景中最基本的布光方法是三点照明法，分别是主光源、辅助光源及背景光。

（1）主光源：提供场景中的主要照明，可以是一盏灯光，也可以是多盏灯光。不仅要照亮场景中的主要物体及周边区域，还要产生投射阴影，还要使物体表面产生高光。

（2）辅助光源：辅助场景中的主光源，用来照亮场景中没有照亮的区域，亮度一般要小于主光源。

（3）背景光：衬托场景中的主光源，产生空间感和立体效果。

9.1.3 灯光的布光顺序

3ds Max 场景中灯光的布光顺序是：先创建主光源的位置及强度；根据主光源的照明效果，在确定辅助光源的位置、数量及强度；最后根据实际需要，设置背景光的位置及强度。

9.2　灯光的类型

3ds Max2020 系统提供了广度学灯光和标准灯光，目前在制作建筑表现效果图、室内效果图中，常使用外部安装的 VRay 渲染器中的 VRay 灯光。

（1）光度学灯光：是一种用于模拟真实灯光并可以精确地控制亮度的灯光类型。通过选择不同的灯光颜色并载入光域网文件（＊.ies 灯光文件），可以模拟出逼真的照明效果。光度学灯光有目标灯光、自由灯光、mr 天空入口三种类型，如图 9.1 所示。

图 9.1　光度学灯光的类型

（2）3ds Max 标准灯光：有目标聚光灯、自由聚光灯、目标平行光、自由平行光、泛光灯、天光等模式，常用的是泛光灯、目标聚光灯，如图 9.2 所示。

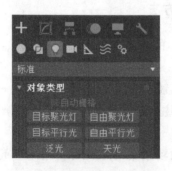

图 9.2　标准灯光的类型

（3）VRay 灯光：有四种灯光，如图 9.3 所示。

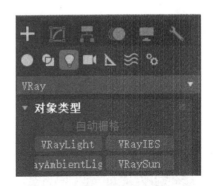

图 9.3　VRay 灯光的类型

本章以标准灯光的泛光灯及目标聚光灯为例，讲解灯光的设置及调节技巧。

9.3　泛光灯

泛光灯是一种点光源，跟现实环境中的灯泡非常相似，是全方位发光，由固定点向四面八方射出光线的光源，没有方向性，它能照亮面向它的所有物体，泛光灯可以作为主光源或辅助光源；泛光灯的设置很简单，渲染所需时间也很短，经常被用在室内效果图的制作中；在场景中泛光灯需要与聚光灯使用，才能调节出丰富的灯光效果。

9.3.1　泛光灯的创建

单击创建命令面板 ![加号]，选择灯光 ![灯光]→标准→泛光灯，在顶视图或其他视图中，单击鼠标左键，就可以创建一盏泛光灯。

在场景中创建泛灯光后，会显示泛灯光的常规参数、强度/颜色/衰减、高级效果、阴影参数和阴影贴图参数，共 5 个卷展栏，常规参数卷展栏包括灯光和阴影选项，如何投射阴影，以及灯光的排除等；强度/颜色/衰减卷展栏用于控制灯光亮度和衰减度等；高级效果卷展栏包括对比度、柔化漫反射边及投影贴图等；阴影参数卷展栏用于设置阴影颜色和阴影密度；阴影贴图参数卷展栏主要控制阴影的偏移、大小等。

9.3.2　泛光灯的强度

在场景中创建泛灯光后，单击强度/颜色/衰减卷展栏前面的"▶"号，展开该展卷栏，调整【倍增】的强度即可，如图 9.4 所示。

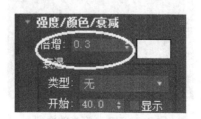

图 9.4　灯光的强度调节

【倍增】的数值越大，灯光强度越高；当数值为负值时，灯光具有吸收光线的作用。

9.3.3　调整灯光的颜色

灯光颜色跟场景内容有关，如主光源是暖色，则阴影处为冷色，二者形成对比色关系。

（1）在场景中创建泛灯光后，在强度/颜色/衰减卷展栏中，点击【倍增】后面的颜色色块，如图 9.5 所示。

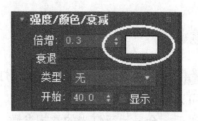

图 9.5　调节灯光的颜色

（2）弹出【颜色选择器】对话框，在对话框右边输入数值，或调节颜色，都可以设置灯光的颜色，如图 9.6 所示。

（3）设置好颜色后，单击【确定】按钮，即可结束颜色选择，场景中的灯光颜色更改为所选择的颜色。

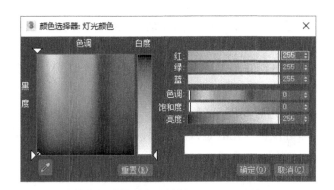

图 9.6 通过【颜色选择器】对话框调整灯光颜色

9.3.4 调整灯光的衰减范围

一般泛光灯模拟室内的电灯泡，没有衰减，但是在某些情况下，泛光灯也需要使用衰减，来达到一定的效果，如光晕的效果。

（1）在场景中创建泛灯光后，在强度/颜色/衰减卷展栏中，勾选【近距衰减】的使用和【远距衰减】的使用，如图 9.7 所示。

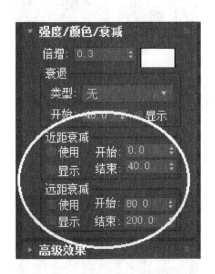

图 9.7 调整灯光的衰减范围

衰退选项组中为灯光提供了类型、开始和显示三个选项。类型可以选择灯光衰减的类型；开始可以改变灯光衰减的起始范围；勾选"显示"复选框可以使灯光的光线范围以线框方式显示。

近距衰减选项组包括开始、结束、使用和显示四个选项。"开始"和"结束"选项用于控制近距衰减的起始范围和结束范围;"使用"选项用于控制灯光近距衰减的开关。

远距衰减选项组包括开始、结束、使用和显示四个选项,含义与近距衰减选项组的相应选项类似。

(2)场景中的泛光灯周围出现了不同颜色的外框,移动移动工具调整外框的大小及间距,即可设置灯光的衰减度及照射范围,如图 9.8 所示泛光灯的衰减制作的烛光效果。

图 9.8 烛光效果

9.3.5 灯光的阴影

(1)在场景中创建泛灯光后,在常规参数卷展栏中,勾选【启用】,即可为灯光增加阴影效果,如图 9.9 所示。

图 9.9 调节灯光的阴影

（2）在阴影参数卷展栏中，点击对象阴影选项组下的颜色，打开【颜色选择器】对话框，如图 9.10 所示。

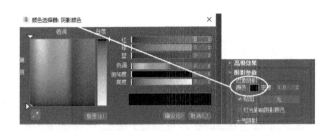

图 9.10 调节灯光的阴影颜色

（3）在对话框右边输入数值，或调节颜色，都可以设置阴影的颜色；调整密度数值，可以改变阴影的色彩浓度，数值越大，颜色越深；二者配合应用，能达到最佳的阴影效果，如图 9.11 所示小球的阴影调节前后的渲染效果对比。

图 9.11 调整阴影前后的渲染效果

小提示

阴影调节应配合灯光的衰减，会调节出更加逼真、丰富的阴影效果。

9.3.6 阴影贴图

（1）在场景中创建泛灯光后，在阴影参数卷展栏中，勾选【贴图】，启用阴影贴图，如图 9.12 所示。

图 9.12 阴影贴图参数栏

（2）单击贴图选项右侧的"无"按钮，打开【材质/贴图浏览器】，通过【材质/贴图浏览】对话框选择一种图片，为阴影添加投影的贴图，如图 9.13 所示，为阴影添加凹痕效果。

图 9.13　阴影贴图

9.3.7　投影贴图

（1）在场景中创建泛灯光后，在高级效果卷展栏中，勾选投【影贴图的贴图】，启用投影贴图，如图 9.14 所示。

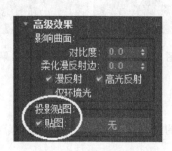

图 9.14　投影贴图

（2）单击贴图选项右侧的"无"按钮，打开【材质/贴图浏览器】，通过【材质/贴图浏览器】对话框，打开如图 9.15 所示的图片，为场景添加投影贴图。

图 9.15　投影贴图图片

（3）添加透影贴图后的效果如图 9.16 所示。

图 9.16　添加透影贴图效果

小提示

投影贴图与阴影贴图的区别：投影贴图是作用于灯光照射的所有范围，而阴影贴图只是贴在物体阴影的范围内。

9.3.8　灯光的排除与包含

（1）在场景中创建泛灯光后，在常规参数卷展栏中，点击【排除】，如图 9.17 所示。

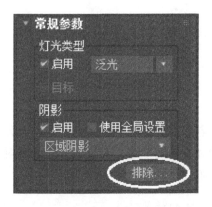

图 9.17　灯光的排除

（2）打开【排除/包含】对话框，如图 9.18 所示。

（3）在排除/包含对话框左边选中要排除的物体后，点击向右按钮 >>，将选中物体列入右边的排除区域中，灯光就不在对此物体起作用，如不想排除，则点

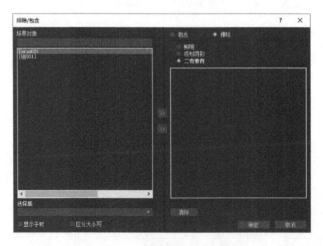

图 9.18　【排除/包含】对话框

击向左按钮 <<，将选中物体返回右边的区域中，灯光会重新对此物体起作用。

小提示

排除用于控制灯光对哪些物体不受影响；包含与排除相反，用于控制灯光对哪些物体不受影响，勾选【包含】后，左边区域是灯光排除的区域，右边是灯光影响的区域。灯光的包含与排除，在制作室内效果图时，会经常用到。

9.4　目标聚光灯

目标聚光灯跟现实环境中的照射灯相似，有一定的方向，可以投射阴影、图案。

目标聚光灯有发射点和目标点两个控制点。分为光源点与投射点，通过对发射点和目标点进行移动和旋转的方法，调节到最好的照射角度。目标聚光灯的光照范围可以是矩形，也可以是圆形。

9.4.1　目标聚光灯的创建

单击创建命令面板 ➕，选择灯光 💡→标准→目标聚光灯，在顶视图或其他视图中，按住鼠标左键并向另一侧拖动，在合适位置释放鼠标，就可以创建一盏目标聚光灯。

在场景中创建目标聚光灯后，会显示常规参数、强度/颜色/衰减、聚光灯参数、高级效果、阴影参数和阴影贴图参数 6 个参数卷展栏。

9.4.2 灯光的衰减与范围

在场景中创建目标聚光灯后，在聚光灯参数卷展栏中，调整聚光区/光束与衰减区/区域的数值，可以控制灯光的聚光区和衰减区的参数，如图 9.19 所示。

图 9.19 灯光的衰减与范围

聚光灯参数卷展栏的其他选项说明如下：

(1) 显示光锥：勾选【此复】选框，可以显示灯光的范围框。

(2) 泛光化：勾选【此复】选框，可以取消聚光灯区域的约束，使聚光灯产生泛光灯的功能，照亮整个场景。如同将一个聚光灯变成一个有目标的泛光灯，不再受光锥的限制，并且保持了聚光灯的其他功能。

小提示

目标聚光灯的颜色、强度、阴影及阴影贴图的调节方式与泛光灯的调节方式相同，在此就不再重复介绍了。

9.4.3 目标聚光灯的光源投射范围

在 3ds Max 场景中，系统默认的目标聚光灯投射范围是圆形，如想更改为矩形，在聚光灯参数卷展栏中，勾选【矩形】，即可更改灯光的光源投射范围为矩形，同时激活纵横比，设置矩形框的长宽比例，如图 9.19 所示。

9.5 本章小结

本章主要讲述了灯光的类型，泛光灯及目标聚光灯的设置，调节灯光的强

度、颜色、衰减范围等操作技巧，学习者在实际应用中结合场景实际需要灵活运
用。灯光的所有参数并不是固定的，需要与材质配合，经过无数次的调试，才能
产生更加真实的效果。

第 10 章

摄像机

本章主要介绍 3ds Max2020 中文版摄像机的使用技法，掌握摄像机的设置技巧、视图的转换方式、摄像机的调节技巧等，重点学习摄像机的调节技巧。

10.1 摄像机基础知识

在初步建立 3ds Max 场景后，就需要为场景设置摄像机，确定构图。设置摄像机位置时，必须考虑观察者所处的位置。大多数情况下，视点不应高于正常人的身高，或根据室内的空间结构选择合适的视点高度，使渲染出来的图像符合人的视觉习惯。

3ds Max 的摄像机除了影响构图之外，还有调整景深效果和运动模糊的作用；另外摄像机还可以设置动画，也是环境特效中雾效的组成部分。

10.2 摄像机的类型

3ds Max 中的摄像机分为物理摄像机、目标摄像机和自由摄像机，3ds Max 自带的物理摄像机可以方便地制作运动模糊和景深效果；目标摄像机的摄像机按钮可以围绕目标点进行旋转移动，也可以让目标点围绕摄像机按钮进行旋转移动，如想移动摄像机的整体，要把摄像机和摄像机的目标点一齐选中，或点选二者之间的连线。目标摄像机应用在建筑设计、室内设计及展示设计等静态效果图制作中，而自由摄像机则应用在动画制作中，如图 10.1 所示。

场景中的摄像机可以设置多个，每个摄像机可以设置不同的位置及角度等。

图 10.1　摄像机的类型

10.3　摄像机的创建

（1）创建摄像机：单击【创建】 ＋→【摄像机】按钮，再单击【目标】，选择目标摄像机。

图 10.2　摄像机的设置

（2）可以在任何视图中设置摄像机，一般优先选择顶视图，在顶视图中要放置摄像机的位置按住鼠标不放，从左到右拉动，即可在场景中创建一台目标摄像机。

（3）用鼠标单击透视视图，将其切换为当前视图，再按键盘 C 键，切换到摄像机视图。

（4）使用移动工具，在各个视图中移动摄像机和它的目标点，调整【镜头】参数及【视野】参数，直到在摄像机视图上观察感到舒服为止，如图 10.2 所示。

10.4　创建摄像机运动路径动画

摄像机的运动有推、拉、摇、移镜头等方式，在动画的制作中可以根据实际场景灵活选用。

10.4.1　摄像机运动路径动画"移动镜头"设置

（1）在透视图中调整合适的镜头画面，Ctrl+C 创建视图对应的摄像机，如图10.3 所示。

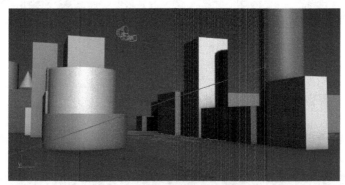

图 10.3　调整合适的镜头画面

（2）点击 按钮，打开【时间配置】对话框，更改时间线长度为 150 帧，具体参数设置如图10.4 所示。

（3）将时间线拖动到 0 帧位置，选中摄像机点击 按钮给摄像机添加关键帧将时间线拖动到150 帧位置，点击 自动关键点 按钮，然后再顶视图中向前移动摄像机到合适的位置。再点击一次自动关键点，完成关键帧记录动画，如图 10.5 所示。

图 10.4　【时间配置】对话框

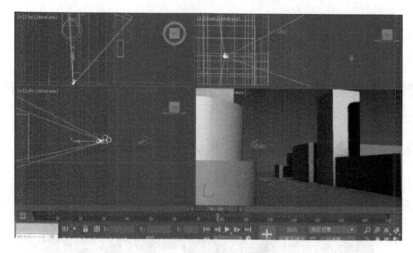

图 10.5　设置动画时间

10.4.2　摄像机运动路径动画 "推镜头" 设置

（1）调整透视图，点击 ▣ 在前视图中创建自由摄像机，如图 10.6 所示。

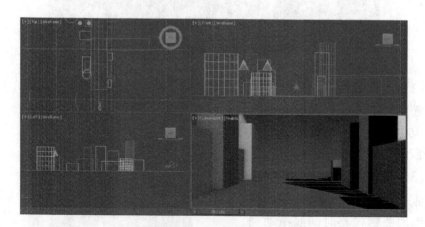

图 10.6　设置自由摄像机

（2）把时间线拖动到 0 帧位置，点击 ➕，给摄像机添加关键帧，把时间线拖动到 150 帧位置，点击 自动关键点 记录关键帧，更改摄像机参数，再点击一次 自动关键点，完成关键帧记录动画，如图 10.7 所示。由于推镜头和拉镜头方法相似只是焦距数值设置相反，在这里就不再单独讲解 "拉镜头" 的制作方法。

图 10.7　设置自由摄像机

10.4.3　摄像机运动路径动画"摇镜头"设置

（1）在透视图中调整合适的镜头画面，Ctrl+C 创建视图对应的摄像机，如图 10.8 所示。

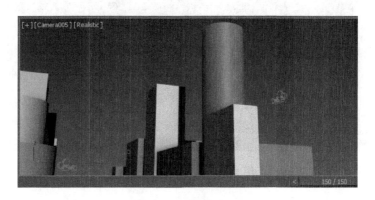

图 10.8　调整自由摄像机

（2）在顶视图中创建一条弧线，选中摄像机执行路径约束命令，当鼠标出现虚线时选中弧线，给摄像机添加运动轨迹，如图 10.9 所示。

（3）这时拖动时间线，可以看到摄像机会沿着弧线运动，最后渲染效果如图 10.10 所示。

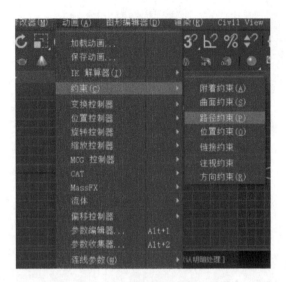

图 10.9　为摄像机添加运动轨迹

图 10.10　摄像机渲染效果

10.5　本章小结

本章重点介绍了 3ds Max 摄像机的使用技法，通过摄像机路径动画的实例制作讲解了摄像机的设置调节及视图的转换方式等，学习者应重点掌握摄像机位置的调节技巧。

第 11 章

动画基础

本章主要学习 3ds Max2020 中文版动画基础知识，动画控制区的使用，关键帧的选择、移动、复制、删除等基本操作命令，自动关键帧与手动关键帧的使用技法及路径动画的制作等。

11.1　动画基础知识

3ds Max 具有强大的动画制作功能，几乎可以为场景中的任何参数创建动画。在动画中帧是动画最基本的组成元素。动画帧是记录物体运动的每一个动作画面的镜头；关键帧是一段动画开始和结束所必需的帧。在创建动画时，需要创建记录每个动画序列的起点与终点的关键帧，称为关键点，创建好关键点后，3ds Max 会自动计算完成帧之间的插值。

不同的动画格式具有不同的帧速率，目前世界上常用的动画格式有电影格式、NTSC 格式、PAL 格式及其他。电影格式每秒 24 帧；NTSC 格式每秒 30 帧，是美国、加拿大及日本等所使用的电视标准；PAL 格式每秒 25 帧，在欧洲、中国及澳大利亚等国家使用的标准；其他格式每秒 12 帧，常用于 Web 和媒体动画等。

11.2　动画控制区

动画控制区是最基础的动画制作工具，有时间轴、时间控制器等组成，主要用于设置动画在时间轴上的位置、记录动画、控制播放动画、设置动画长度等，如图 11.1 所示。

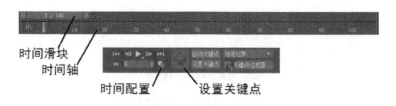

图 11.1　动画控制区

11.2.1　自动关键帧的使用

（1）在创建命令面板创建文字"3ds Max"；使用倒角修改器命令，生成倒角三维文字；添加一架摄像机，按 C 键将透视图转换为摄像机视图，调整摄像机的位置，如图 11.2 所示。

图 11.2　创建动画场景

（2）打开自动关键点按钮，这时该按钮和时间滑块背景变成红色，表示进入动画设置状态，当前视图轮廓也变为红色。选择移动工具，将关键帧移到 80 帧，在顶视图中选择文字沿 Y 轴向下移动，这时 0 帧到 80 帧之间就自动产生了关键帧动画，文字也进行了移动操作，如图 11.3、图 11.4 所示文字在 30 帧及 80 帧的动画效果。

（3）再次点击自动关键点按钮，关闭设置自动关键点动画模式；选择摄像机视图，点击播放动画按钮，观看视图中动画效果，可以看见文字由远及近的动画效果；点击，停止播放动画。

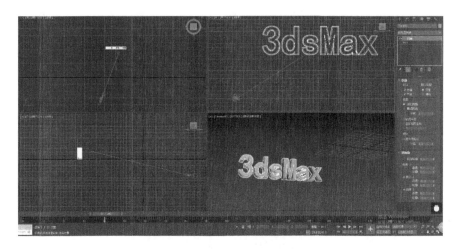

图 11.3　文字在 30 帧的动画效果

图 11.4　文字在 80 帧的动画效果

（4）点击渲染设置按钮 ，在弹出的【渲染设置】对话框中，点选【活动时间段】选项；并勾选【保存】选项，将动画文件保存为"文字动画 .AVI"格式，全部设置好后点击【渲染】即可。

小提示

可以为动画关键帧设置时间标记。在添加时间标记里，点击、打开【添加时间标记】对话框，在名称中可以写上要标记的内容；还可以点击编辑标记，打开【编辑时间标记】对话框，修改添加的标记点，如图 11.5 所示。

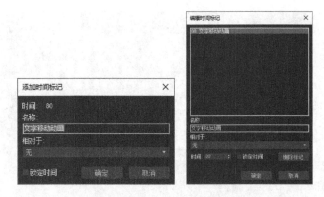

图 11.5　添加、编辑时间标记

11.2.2　手动关键帧的使用

（1）在文件中删掉设置的自动关键帧。

（2）调整时间长度和一秒的帧速，点击时间配置按钮 ，打开【时间配置】对话框，修改为中国的 PAL 格式，即一秒 25 帧的速度，时间长度改成 200，即 8 秒，如图 11.6 所示。

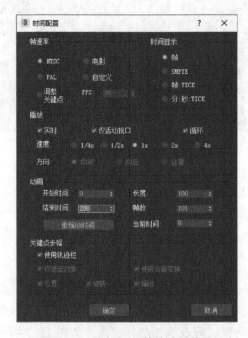

图 11.6　文字在 80 帧的动画效果

（3）在工作界面中，点击设置关键点按钮 ╋，在 80 帧记录下手动设置的动画关键点，即文字旋转的起始点。

（4）打开设置关键点按钮，这时该按钮和时间滑块背景变成红色，表示进入动画设置状态，当前视图轮廓也变为红色。选择移动工具 ╋，将关键帧移到 120 帧；选择旋转工具 ↻，在顶视图中选择文字沿 Z 轴旋转−20 度，点击设置关键点按钮 ╋，记录下手动设置的动画关键点，这时 80 帧到 120 帧之间就产生了文字旋转动画，如图 11.7 所示。

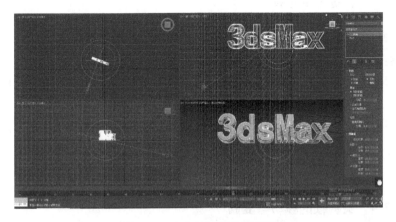

图 11.7　文字的旋转动画效果

（5）将关键帧再次移动到 160 帧；选择移动工具 ╋，在前视图中选择文字沿 Y 轴向下移动到合适位置，点击设置关键点按钮 ╋，记录下手动设置的动画关键点，这时 120 帧到 160 帧之间就产生了文字移动动画，如图 11.8 所示。

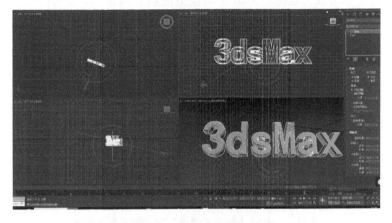

图 11.8　文字的移动动画效果

203

（6）再次点击设置关键点按钮，关闭设置关键点动画模式；选择摄像机视图，点击播放动画按钮 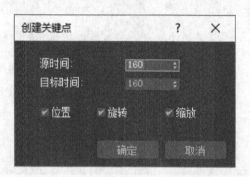，观看视图中动画效果，可以看见文字由远及近，然后旋转并移动到画面中心的动画效果的动画效果；点击 ，停止播放动画。

（7）点击渲染设置按钮 ，在弹出的【渲染设置】对话框中，点选【活动时间段】选项；并勾选【保存】选项，将动画文件保存为"文字动画 2. AVI"格式，设置好后点击【渲染】即可。

11.2.3　关键帧的选择

3ds Max 动画关键点使用颜色编码来进行显示，红色显示为位置动画、绿色显示为旋转动画、红色显示为缩放动画。

关键帧的选择有多种方式，在时间轴上点击关键点即可将其选中，被选中的关键帧显示为白色；点击并拖动鼠标，拖拽出一个虚线的选择框，框内的所有关键点全部被选中；或按住 Ctrl 键，点击关键点，也可以同时选中多个点。

选择关键帧后，按 Delete 键，或在时间轴上任意位置单击鼠标右键，弹出快捷菜单，选择"删除选定关键点"，都可以删除所有选中的关键点。

11.2.4　关键帧的移动与复制

移动关键点可以改变物体运动的时间，复制关键点可以使物体在另一个时间位置具有相同的运动状态。

在时间轴上点击选中关键点并左右拖动关键点，即可移动该关键点。

选中一个关键点后，按住 Shift 键，然后拖动关键点即可复制该关键点。或在时间滑块上单击鼠标右键，弹出【创建关键点】对话框，如图 11.9 所示。在对话框中设置动画的目标时间、变换值等，都可以复制该关键点。

图 11.9　通过【创建关键点】对话框复制关键点

11.3　曲线编辑器

当动画制作完成后，如想修改动画关键帧，可以单击工具栏的曲线编辑器按钮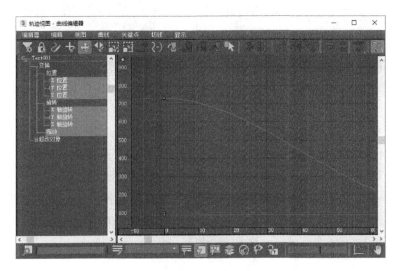，打开【轨迹视图-曲线编辑器】对话框，选中节点，调整节点的圆滑度、位置等，如图 11.10 所示。

图 11.10　【轨迹视图-曲线编辑器】对话框

11.4　动画的层次链接

在三维动画场景的模型中，有许多物体是由多个部分组成，具有相同的运动方式，如手臂带动手指的关系，这时就需要将多个手指模型链接到手臂上，使他们产生"父—子"的关系。在制作手臂动画时，其他手指会随之产生相应的运动效果。

在设置动画后，父对象能影响子对象，而子对象却不能影响父对象。

11.4.1　创建链接关系

（1）创建场景模型，选择工具栏的选择并链接按钮🔗，点击茶杯拖动到茶壶上，如图 11.11 所示。

图 11.11　链接场景模型

（2）松开鼠标，茶壶会高亮闪烁一下，这就表示茶杯与茶壶链接成功，即可在两个物体间创建出链接关系。这时茶杯是子对象，茶壶是父对象。

（3）继续同样的操作，将其余的茶杯也都链接到茶壶上。

（4）选择工具栏的选择并链接按钮，结束链接操作。这时移动茶壶，几个茶杯就跟着茶壶同步运动。移动茶杯时却不影响其他的茶杯和茶壶。

（5）选择工具栏的选择并链接按钮，结束链接操作。

11.4.2　取消链接关系

在上次的场景中，选择一个茶杯，选择工具栏的断开当前选择链接按钮，点击茶壶，即可取消茶壶与茶杯的链接关系。

11.5　轴

在 3ds Max 创建的所有物体中都有一个轴点。物体的轴点有多种用途，可以作为移动、旋转和缩放的中心，可以作为链接父子对象的变换原点，还可以设置 IK 反向动力学的关节位置等。

默认状态下轴点是不可见的。点击【层次】命令面板→【轴】→【仅影响轴】，就会显示出物体的轴点，如图 11.12 所示。

图 11. 12　【层次】命令面板

11.6　路径动画

（1）在顶视图创建一个茶壶的三维物体，绘制一条螺旋线作为动画运动的路径，并调整茶壶的位置，如图 11. 13 所示。

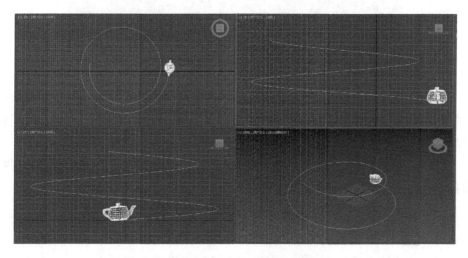

图 11. 13　创建三维模型

（2）选中茶壶，在菜单栏中选择动画→约束→路径约束，如图 11. 14 所示。

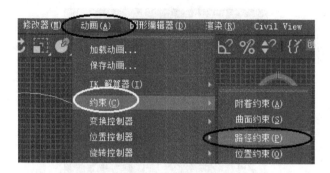

图 11.14 路径约束菜单

（3）这时，茶壶上会出现一条虚线，将鼠标移动到路径上并点击路径，就会将茶壶约束到路径上，如图 11.15 所示。

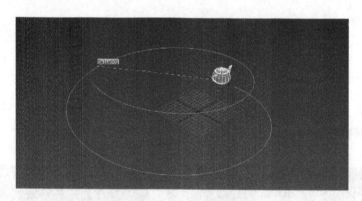

图 11.15 将茶壶约束到路径上

（4）选择摄像机视图，点击播放动画按钮 ▷，可以看见茶壶沿着螺旋线运动的动画效果。这时茶壶只是机械的沿着路径运动，茶壶自身没有变化，为了让动画效果更加逼真，可以进行修改。

（5）点击 ▮▮，停止播放动画。选择茶壶，单击右侧运动命令面板 ●，选择路径参数卷展栏，勾选【跟随】，如图 11.16 所示。

（6）点击播放动画按钮 ▷，播放动画就可以看见茶壶跟随路径的变化效果；点击 ▮▮，停止播放动画。

（7）点击渲染设置按钮 ▨，在弹出的【渲染设置】对话框中，点选【活动时间段】选项；并勾选【保存】选项，将动画文件保存为"茶壶动画.AVI"格式，点击【渲染】即可。

图 11.16　设置跟随效果

11.7　本章小结

本章重点介绍了 3ds Max2020 中文版动画的制作技法，包括动画控制区的使用，关键帧的移动、复制、选择和删除等基本操作，自动关键帧和手动关键帧的使用技法，动画编辑器及路径动画的制作等，掌握这些动画工具能制作出各种复杂动画，学习者应认真领会。

第 12 章

渲染输出

在使用 3ds Max 制作效果图或动画的过程中，经常需要渲染视图观看制作效果。本章主要学习 3ds Max2020 中文版效果图的渲染输出技法，颜色通道及 Alpha 通道的渲染技法，VRay 渲染器的渲染设置及渲染技法。

12.1　线性扫描渲染器

目前，3ds Max2020 中文版中，常用的是系统默认的线性扫描渲染器和 VRay 渲染器。线性扫描渲染器又称标准渲染，标准渲染是最简单、快速的渲染方式，但渲染效果稍差，本章以标准渲染的使用技法讲解效果图及动画的渲染方式。

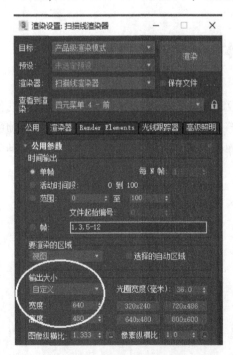

图 12.1　设置输出图片的大小

12.1.1　渲染效果图

在制作效果图的过程中，必须经常地渲染效果图观看制作效果，这时可以使用快速渲染工具，或按 F9 键，即可快速渲染效果图。

（1）打开场景文件，单击渲染设置，或按 F10 键，打开渲染设置面板。

（2）在渲染设置面板中，在公用参数卷展栏中，选择默认的单帧；设置输出大小，更改输出图片的大小，如图 12.1 所示。

（3）设置图片输出格式及名称，在渲染输出选项中，点击【文件】，打开【渲染输出文件】对话框，如图 12.2 所示。

图 12.2　设置视频输出文件格式

（4）设置文件格式及名称后，点击【保存】，弹出【JPEG 图像控制】对话框，如图 12.3 所示。

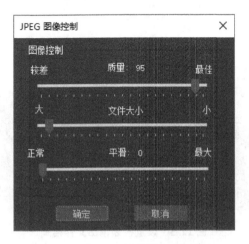

图 12.3　【JPEG 图像控制】对话框

（5）一般选择默认即可，点击【渲染】按钮，即可渲染出格式为"＊.jpg"的图片。

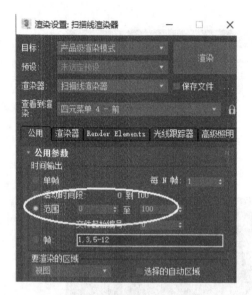

图 12.4　设置时间输出长度

12.1.2　渲染动画

（1）打开动画文件，按 F10 键，或点击渲染设置按钮，打开【渲染设置】对话框。

（2）在【渲染设置】对话框中，设置时间输出长度，在公用参数卷展栏中，点选【活动时间段】；或将单帧改为范围；设置时间输出大小，更改输出动画的大小，如图 12.4 所示。

（3）设置视频输出格式及名称，在渲染输出选项中，点击【文件】，打开【渲染输出文件】对话框，如图 12.5 所示。

图 12.5　设置视频输出文件格式

（4）设置好文件格式及名称后，点击【保存】，弹出【AVI 文件压缩设置】对话框，如图 12.6 所示。

图 12.6　【AVI 文件压缩设置】对话框

（5）一般选择默认即可，点击【渲染】按钮，即可渲染出格式为 ".avi" 的动画文件。

12.1.3　渲染颜色通道及 Alpha 通道

在 3ds Max 输出动画或图片后，一般需要导入 After Effects 或 PhotoShop 中进行后期特效制作，为了处理方便，需要渲染出颜色通道和 Alpha 通道图。3ds Max 不能一次性渲染出既反映了折射、反射等场景的全部信息，又能把场景中每个物体的通道信息完全区分开来，所以需要分两次渲染。在渲染出正常的效果图之后，第二次渲染通道图，这样就得到 2 张像素大小完全相同的图片，前一张保存了所有对象的全部信息，后一张保存了所有对象的通道信息，可以在 AE 或者 PS 中作为蒙版使用。具体操作步骤如下。

（1）在渲染前，把场景内所有灯光关闭，为了节约渲染时间，最好是删除。

（2）按 M 键，打开材质编辑器，点取获取材质，弹出【材质/贴图浏览器】，在里面选场景材质，并将场景材质拖放到新的编辑窗口，在弹出的【实例（副本）材质】对话框中选择实例模式，如图 12.7 所示。

图 12.7　【实例（副本）材质】对话框

（3）打开【材质编辑器】对话框，选择影响场景和编辑器示例窗中的材质/贴图；点击重置材质/贴图为默认设置按钮 🗑，系统提示是否需要重置，如图12.8 所示。

图 12.8　【材质编辑器】对话框

（4）点击【是】，示例窗中的材质还原为默认的标准材质，调整材质的漫反射为鲜亮的颜色（如红、黄、蓝、绿），自发光调整为 100。

（5）采用同样的方式，更改其他材质球的颜色。

（6）全部调整后，一般使用 3ds Max 默认渲染器，设置两次渲染输出的图像像素长宽大小相同，在渲染后将 2 个图像均保存为 .tga 格式，方便在后期软件 AE 或 PS 中进行相关操作。

（7）渲染后关闭场景文件时，一般不要选择存储，或另存为一个备份文件，否则会破坏原有的材质设置。

12.2　VRay 渲染器

VRay 渲染器与 3ds Max 自身的渲染器相比，渲染效果非常逼真，渲染质量能达到照片及电影级别，而且支持 Maya、3ds Max 等许多三维软件，广泛应用在室内设计、建筑表现、建筑漫游、景观设计、展示设计及影视动画等诸多设计艺术专业领域，深受设计师的喜爱。

VRay 渲染器在 3ds Max 的应用，主要是在渲染参数的设置区域设置 VRay 的渲染参数；在材质编辑器中编辑和修改 VRay 材质；在创建修改面板中创建编辑和修改 VRay 特有的物体；在环境和效果面板中制作特殊的环境效果。

12.2.1　设置 VRay 渲染器

VRay 渲染器的渲染步骤是启动场景文件；打开渲染器；设置渲染器；对材质增加材质与贴图；对材质的渲染；最终测试；渲染出效果图。

打开 3ds Max 场景文件。按 F10 键或点击按钮，打开【渲染设置】对话框，在公共选项板中，点击公共渲染器卷展栏中的，打开选择渲染器，选择 V-Ray GPU Next，update 1.1，系统的渲染器改为 VRay 渲染器，如图 12.9 所示。

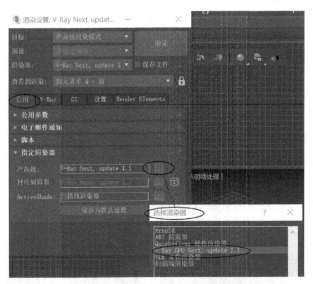

图 12.9　打开【V-Ray】渲染器

12.2.2　设置 VRay 材质

（1）在 VRay 渲染器中，展开"全局开关"卷展栏，选中"覆盖材质"复选框。单击"替代材质"复选框后面的"无"按钮，从打开的【材质/贴图浏览器】对话框中选择 VR 材质。此时在"全局开关"卷展栏的"替代材质"复选框的后面按钮名称将变为所选择的 VR 材质名称，如图 12.10 所示。

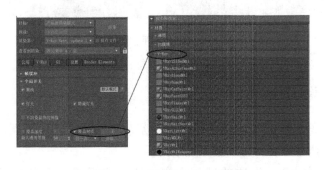

图 12.10　设置 VRay 材质

（2）对材质增添颜色，打开【材质编辑器】，选择一个未编辑过的窗口，在【渲染场景】对话框的"全局开关"卷展栏中，按住一个材质"Material #147"按钮将其拖动到材质编辑器中未编辑过的窗口上，此时将打开"实例（副本）材质"对话框，选择"实例"单选框，将该材质命名为"替代材质"，将漫射颜色设置为需要的颜色即可。

12.2.3　设置渲染测试

对材质的渲染和最终测试。此时先设置一个比较低的参数值和效果图大小来进行测试就可以。首先设置效果图大小为 450x350；在【渲染场景】对话框的【VR→基项】选项板中，展开【图像采样器（抗锯齿）】卷展栏，选中"渐进"；展开【GL 环境】卷展栏，点击"开"；在【GI】选项板中，启用、选中"√"选框。展开【发光贴图】卷展栏，选择"非常低"选项，设置 VRay 图像采样、间接照明及发光贴图等参数，如图 12.11 所示。

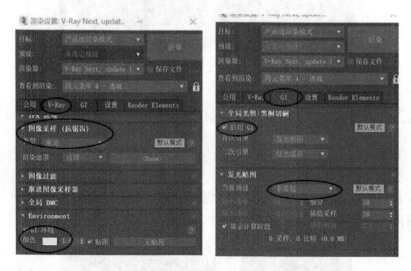

图 12.11　设置 VRay 图像采样、间接照明及发光贴图

12.2.4　设置渲染光子图

（1）设置好后点击【渲染】即可。观察渲染的测试图，根据渲染效果进行灯光的调节，调节好后，可以渲染光子图。

（2）在上次 VRay 设置的基础上，设置渲染质量、保存光子图等，如图 12.12 所示。

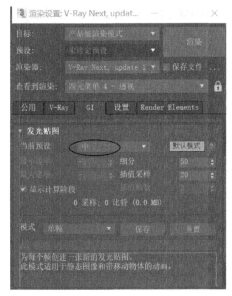

图 12.12 设置渲染质量、保存光子图

12.2.5 设置正式渲染效果图

（1）正式渲染效果图，设置效果图的大小为原尺寸的 5 倍，在【V→Ray】选项板的【图像采样（抗锯齿）】卷展栏中，选中"渐近"，开启图像过滤器为"VRayLanczosFilter"，大小选"4.0"如图 12.13 所示。

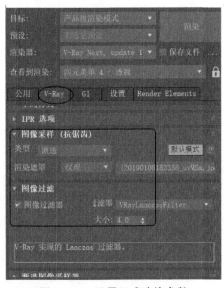

图 12.13 设置正式渲染参数

（2）点击【渲染】，即可渲染出高质量的效果图。

12.3　本章小结

渲染是效果图和动画制作中非常重要的一环，本章重点讲解了 3ds Max 效果图的渲染输出技法、颜色通道及 Alpha 通道的渲染技法、VRay 渲染器的渲染设置及渲染效果图的技法等。

第 13 章

环境特效

本章主要介绍 3ds Max2020 中文版环境特效的使用技法，掌握背景贴图的使用，学习火效、雾效及光效的应用，重点学习火焰、分层雾与体积光的创建与编辑。

13.1 环境特效的基础知识

3ds Max 的环境特效包括火效、雾效及光效，在制作火球、火舌、分层雾及光效等方面非常有效。

选择菜单栏的【渲染】→【环境】命令；或按 8 键，都可打开【环境和效果】对话框，如图 13.1 所示。

图 13.1 【环境和效果】对话框

13.2　更改视图背景的颜色

在【环境和效果】对话框中，选择公用参数卷展栏中的背景选项下方的"颜色"色块，打开【颜色选择器：背景色】对话框，在对话框中调节背景的颜色即可，如图 13.2 所示。

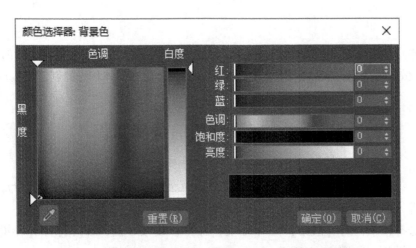

图 13.2　通过【颜色选择器：背景色】对话框调整背景颜色

13.3　背景贴图

背景贴图显示在整个渲染视图中，不会随着观察角度的变化而变化。

（1）在【环境和效果】对话框中，选择公用参数卷展栏中的背景选项下方的"无"按钮，打开【材质/贴图浏览器】对话框。

（2）打开【材质/贴图浏览器】对话框中，双击"位图"选项，打开【选择位图图像文件】对话框，选择一幅图像作为背景贴图，然后单击【打开】按钮，即可为环境指定背景贴图。

（3）按下 F9 键，渲染透视图，设置的背景图片就出现在了渲染的视图中。

（4）背景贴图的编辑。同时打开【材质编辑器】和【环境和效果】界面，使用鼠标左键按住环境设置界面的贴图长条按钮，将其拖动到【材质编辑器】中一个未用过的材质球上，弹出【实例（副本）贴图】对话框，如图 13.3 所示。

图 13. 3　【实例（副本）贴图】对话框

（5）选择默认的实例方式，点击【确定】按钮，关闭【实例（副本）贴图】对话框，材质球即变为背景贴图，单击█████Bitmap█████，弹出【材质/贴图浏览器】对话框，将背景材质更改为一种需要的贴图或材质，单击【确定】按钮，渲染图的背景即可变为刚设置的材质或贴图。

13.4　背景参考图片

在创建一些特定的三维模型时，经常需要导入外部图片作为背景参考图片，使建模过程更加方便、高效。

（1）激活视图，选择菜单栏【视图】→【视口背景】→【配置视口背景】命令，弹出【视口配置】对话框，如图 13.4 所示。

（2）单击【背景】选项板中的【文件】按钮，在弹出的【选择背景图像】对话框中，选择一张参照图片，如图 13.5 所示。

（3）单击【打开】按钮，返回【视口配置】对话框，勾选"匹配位图"。

（4）单击【确定】，返回视图工作区，此时在前视图背景上出现了所选择的参照图片。

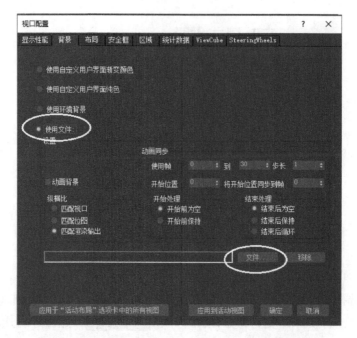

图 13.4　通过【视口配置】对话框选取背景贴图图片

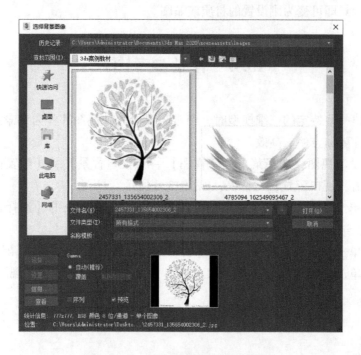

图 13.5　【选择背景图像】对话框

13.5　环境特效——火效

3ds Max 的火效果可以用于制作火焰、烟雾和爆炸等效果。在制作火焰燃烧效果之前，场景中需要创建大气线框对象，用来约束火焰的形状、位置及范围。

13.5.1　创建场景文件

（1）在场景中选择创建命令面板 ![+] → ![圆柱体] ，创建蜡烛的三维模型，再创建一个圆柱体，作为地面。

（2）将圆柱体转换为可编辑多边形，点击顶点子对象，调整顶点，使圆柱体更像蜡烛的形状，并为蜡烛赋予材质。

（3）在场景中设置摄像机。

（4）在场景中设置一盏泛光灯，照射场景中的物体。

13.5.2　创建长方体 Gizmo

（1）选择创建命令面板 ![+] →辅助物体 ![角] ，在下拉列表中选择大气装置，如图 13.6 所示。

图 13.6　选择大气装置

（2）大气装置有长方体 Gizmo、球体 Gizmo、圆柱体 Gizmo 三种，不同的火效使用不同的大气装置样式，如本场景中蜡烛的火焰就需要球体 Gizmo，如图 13.7 所示。

图 13.7　大气装置的类型

（3）选择球体 Gizmo，在顶视图中创建一个半径为 100 的半球形的 Gizmo。

（4）使用缩放工具 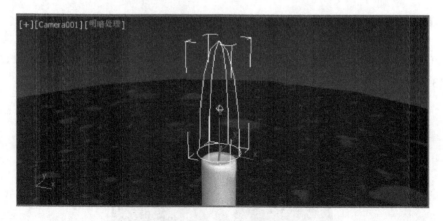，在前视图中，沿 Y 轴拉长球体 Gizmo，如图 13.8 所示。

图 13.8　球体 Gizmo 缩放效果

13.5.3　添加火效果

（1）选择菜单栏的【渲染】→【环境】命令；或按快捷键 8，打开【环境和效果】对话框，选择大气卷展栏中的 添加... ，打开【添加大气效果】对话框，如图 13.9 所示。

小提示

选择创建的半球体 Gizmo，选择大气和效果卷展栏中的 添加 ，也可以打

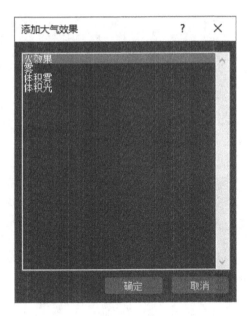

图 13.9　【添加大气效果】对话框

开【添加大气】对话框，为半球体 Gizmo 添加火效果。

（2）选择火效果，单击【确定】按钮，这时火效果出现在效果选框中，如图 13.10 所示。

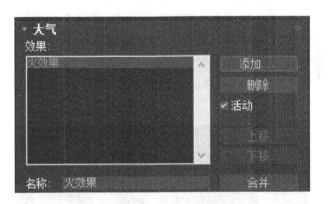

图 13.10　选择火效果

（3）在【火效果参数】卷展栏中，点击 拾取 Gizmo 按钮，在视图中选择要指定 3ds Max 燃烧特效的大气线框对象，即拉长的球体 Gizmo，被选中的大气线框对象名称会出现在右侧的菜单中，将火效果应用到球体范围中，如图 13.11 所示。

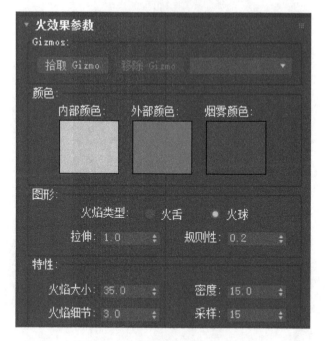

图 13.11　【火效果参数】卷展栏

【火效果参数】卷展栏的选项说明：①Gizmos 选项组：控制选择或删除要指定燃烧特效的大气线框对象；②颜色选项组：用于设置火焰的内焰、外焰和烟雾的颜色；③图形选项组：设置火焰的形状和密度；④特性选项组：控制火焰的大小、亮度和不透明度等；⑤动态选项组：控制火焰的变化速度，可以产生动态的火焰效果；⑥爆炸选项组：产生爆炸与烟雾效果。

（4）按下 F9，渲染摄像机视图，添加火焰效果的蜡烛渲染效果如图 13.12所示。

图 13.12　渲染后的蜡烛火效果

13.5.4 更改火效的颜色

火焰的颜色由内部颜色、外部颜色和烟雾颜色所组成，调节这三种颜色，可以产生不同颜色的火焰效果，火焰颜色的调节方式如下。

（1）在【火效果参数】卷展栏中，点击颜色选项组的内部颜色■色块，弹出【颜色选择器：内部颜色】对话框，在对话框中选择一种合适的颜色，单击【确定】即可，如图 13.13 所示。

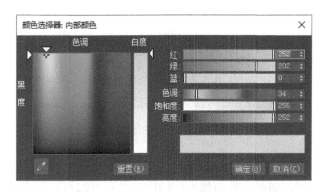

图 13.13　【颜色选择器：内部颜色】对话框

（2）同样点击颜色选项组的外部颜色■色块和烟雾颜色色块，修改火焰的外部颜色及烟雾颜色，即可完成火焰颜色的修改。

13.5.5 更改火焰的形状

火焰的形状一方面受大气线框的影响，另外也受到火焰类型等的影响。

在【火效果参数】卷展栏中，点击【图形选项组】的火焰类型，选择火舌或火球，如图 13.14 所示。

图 13.14　火焰类型

【图形选项组】参数说明：①火舌：产生沿着中心和大气线框的 Z 轴方向进行燃烧的火焰，常用于模拟烛火和茸火等效果；②火球：产生从中心向四周膨胀的火焰，用于模拟爆炸生成的火焰；③拉伸：沿着大气线框的 Z 轴方向拉伸火焰，数值小于 1 时，压缩火焰，火焰比较矮、密度比较大；数值大于 1 时，会拉伸火焰，火焰比较高、密度相对稀薄；④规则性：设置火焰填充大气装置的程度，数值为 1 表示火焰完全添满大气线框。

13.5.6　更改火焰的大小及密度

在【火效果参数】卷展栏中，调整特性选项组的火焰大小、密度及细节等，可以调节火焰的大小及密度等，如图 13.15 所示。

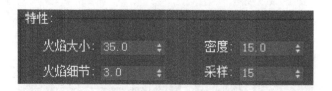

图 13.15　特性选项组

【特性选项组】参数说明：①火焰大小：用于设置火焰的大小；②密度：设置火焰的亮度和不透明度，数值越大火焰中心的亮度越高；③火焰细节：控制火焰边缘的精细度，较小值会产生模糊但较为光滑的效果，较大值会产生尖锐边缘的火焰效果；④采样数：设置火焰的采样数，数值越高火焰效果越好，但渲染时间也越长。

13.5.7　设置火焰的动态效果

在【火效果参数】卷展栏中，选择动态选项组，可以制作动态的火焰，如跳动的火焰等，如图 13.16 所示。

图 13.16　动态选项组

【动态】参数说明：①相位：控制火焰变化的速度，对此参数设置动画可以产生动态的火焰效果；②漂浮：设置火焰沿着大气线框 Z 轴的位移，对此参数设置动画可以产生火焰跳动的效果。

13.5.8 设置火焰的爆炸效果

在【火效果参数】卷展栏中，勾选爆炸选项组中的【爆炸】，可以启用【爆炸】选项，设置爆炸的力度及烟雾等，如图 13.17 所示。

图 13.17 爆炸选项组

【爆炸选项组】参数说明：①爆炸：勾选后，启用设置爆炸模式；点击【设置爆炸】，弹出【设置爆炸相位曲线】对话框，可以输入爆炸开始/结束时间，为 Phase 参数自动设置爆炸动画，如图 13.18 所示。②烟雾：决定爆炸时是否产生烟雾效果；③剧烈：设置 Phase 参数变化的剧烈程度，当数值大于 1 时会产生剧烈的燃烧或爆炸效果。

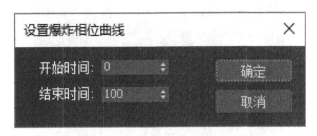

图 13.18 【设置爆炸相位曲线】对话框

13.6 环境特效——光效

3ds Max2020 中文版的光效果可以用于制作发光文字、烛光及阳光中的灰尘等效果。如同火效果需要大气线框的制约一样，在制作光效果之前，场景中需要创建泛光灯，再确定光的大小、形状、范围及衰减等。

13.6.1 创建泛光灯

（1）打开创建的蜡烛火焰的 3ds Max2020 文件。

（2）为场景添加一盏泛光灯，并移动至蜡烛火焰的中间部位。

（3）选择创建的泛光灯，在强度/颜色/衰减卷展栏中，勾选远距衰减选项组的使用复选框，设置开始的数值，为泛光灯设置远距衰减效果。

13.6.2　添加体积光效果

（1）选择菜单栏的【渲染】→【环境】命令；或按快捷键 8，打开【环境和效果】对话框，如图 13.1 所示。或打开右侧面板中的大气和效果卷展栏，选择大气和效果卷展栏中的 添加 ，也可以打开【添加大气和效果】对话框，为泛光灯添加体积光效果。

（2）在【体积光参数】卷展栏中，点击 拾取灯光 按钮，在视图中选择要指定 3ds Max 光特效的泛光灯，被选中的泛光灯名称出现在右侧的菜单中，将体积光效果应用到场景中，如图 13.19 所示。

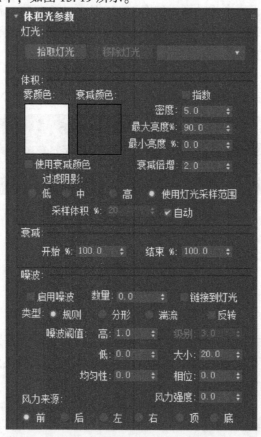

图 13.19　【体积光参数】对话框

（3）按 F9 键，渲染摄像机视图，添加体积光效果的蜡烛渲染效果如图
13. 20 所示。

图 13. 20　蜡烛的烛光渲染效果

13. 6. 3　更改体积光的颜色

体积光的颜色由雾颜色和衰减颜色所组成，调节这两种颜色，可以产生不同
颜色的光效果。

在【体积光参数】卷展栏中，点击体积选项组的雾颜色色块和衰减颜色色
块，弹出【颜色选择器】对话框，在对话框中选择一种合适的颜色，单击【确
定】，即可完成体积光颜色的修改。

13. 6. 4　更改体积光的密度

体积光的密度收到灯光的强度、灯光的颜色，灯光的衰减度的影响，另外还
可以在【体积光参数】卷展栏中调节体积光的密度等，在实际操作中，二者应
配合使用。

在【体积光参数】卷展栏中，调节【体积选项组】的密度，可以设置体积
光的密度，如图 13. 21 所示。

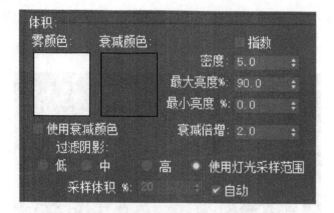

图 13.21　【体积光参数】卷展栏

13.7　环境特效——雾效

3ds Max2020 中文版的雾效果用于制作自然环境中的各种雾效。雾效分为普通雾和体积雾两种，雾效果只有在摄像机视图或透视图中才能渲染。

13.7.1　创建场景

打开 3ds Max2020 中文版程序，使用面片命令，创建一片水面，赋予躁波贴图；应用圆锥体，应用弯曲、散布命令，创建一片植物；为场景设置一架摄像机并调整透视角度，效果如图 13.22 所示。

图 13.22　创建场景

13.7.2　添加雾效果

（1）选择菜单栏的【渲染】→【环境】命令；或按快捷键 8，都可以打开【环境和效果】对话框，如图 13.1 所示。或打开右侧面板中的大气和效果卷展栏，选择大气和效果卷展栏中的 添加 ，也可以打开【添加大气和效果】对话框，为场景添加雾效果，如图 13.23 所示。

图 13.23　【雾参数】卷展栏

（2）按 F9 键，渲染摄像机视图，添加雾效果的渲染效果，如图 13.24 所示。

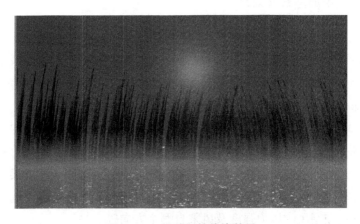

图 13.24　雾效果的渲染效果

13.8 环境特效——体积雾效

13.8.1 创建场景

打开 3ds Max2020 中文版程序，创建如图 13.25 所示的场景。

图 13.25 创建场景

13.8.2 添加体积雾效果

（1）选择菜单栏的【渲染】→【环境】命令；或按快捷键 8，打开【环境和效果】对话框，如图 13.1 所示。或打开右侧面板中的大气和效果卷展栏，选择大气和效果卷展栏中的 添加 ，也可以打开【添加大气和效果】对话框，为场景添加体积雾效果，如图 13.26 所示。

【体积雾参数】卷展栏参数说明：① Gizmo 选项组：默认情况下，体积雾填满整个场景，可以选择 Gizmo 大气装置包含雾，Gizmo 可以是球体、长方体、圆柱体或这些几何体的特定组合，多个装置对象可以显示相同的雾效果；②体积选项组：设置雾的颜色和密度等；③噪波选项组：相当于材质的噪波选项，设置雾的变化程度；控制风的风力强度及风来自哪个方向等。

（2）在【体积雾参数】卷展栏中，调整体积雾密度等，按下 F9，渲染摄像

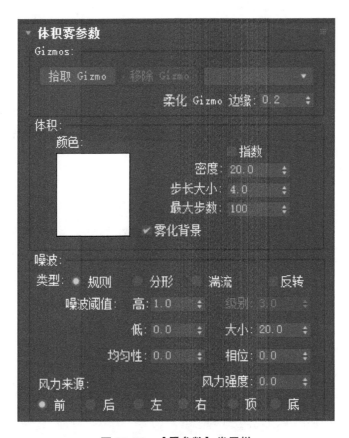

图 13.26　【雾参数】卷展栏

机视图，添加体积雾效果的渲染效果，如图 13.27 所示。

图 13.27　体积雾效果的渲染效果

13.9　本章小结

　　本章主要讲述了火、烟雾、光等环境特效的应用。通过本章内容的学习，掌握火、烟雾、光等环境特效的制作方式与调节技巧，为 3ds Max 作品的特效制作添加更为绚丽的效果。

第 14 章

粒子系统

粒子系统是雨、雪等一些粒子的集合，是造型和动画相结合的系统。粒子系统通过一个发射器发射粒子，发射的粒子包括多种造型，也可以自定义粒子造型，如树叶、气泡等。粒子可以设置运动的时间、数量即寿命等；可以为粒子制定材质，设置发光、光晕、射线即十字光星等粒子特效。

14.1　粒子系统类型

单击【创建】＋→【几何体】●，点击三角按钮▼，从打开的下拉列表中选择【粒子系统】，如图 14.1 所示。

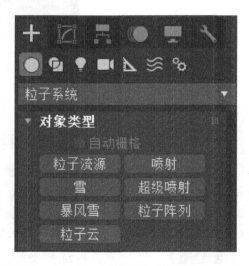

图 14.1　粒子系统命令面板

【粒子系统】的共 7 种类型。粒子流：一种高级粒子，用于模拟水流等粒子量丰富的物体。喷射：最基本最简单的粒子系统，用于模拟喷泉、雨水、火花等，发射表面呈直线运动。雪：用于模拟雪花，可以设置雪花的大小、飘落的速度及形状等。超级喷射：一种高级粒子，用于模拟喷泉、雨水、烟花、瀑布等。暴风雪：用于模拟暴风雪、烟雾、下雨等。粒子阵列：用于制造物体粉碎后抛撒在空中的效果。粒子云：用于制造云团、水滴下落或成群的物体等效果。

14.2　制作礼花效果

（1）单击命令面板中的【创建】 ┿ →【几何体】 ◯ ，在下拉菜单中找到【粒子系统】，单击【对象类型】下方的【喷射】按钮，如图 14.2 所示。

（2）在顶视图内创建一个粒子发射器，在视图右侧修改器面板的【参数】卷展栏中，修改发射器的宽度、长度，视口计数，渲染计数等，如图 14.3 所示。

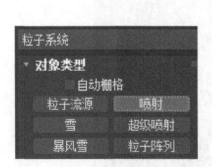

图 14.2　创建喷射粒子　　　　图 14.3　修改喷射粒子各项参数

【参数】卷展栏各项参数说明如下。①粒子选项：视口计数是在视图中显示的粒子数量；渲染计数是渲染输出时的粒子数量；水滴大小是控制粒子的尺寸；速度是控制粒子在寿命期内运动的速度；变化是控制粒子运动的方向与变化。②渲染选项：表示粒子渲染后的形状。③计时选项：开始表示粒子生成的时间，常用负值；寿命表示粒子消失的时间。④发射器：粒子生成的区域。

（3）为场景添加摄像机、灯光，调整摄像机位置为仰视效果，如图 14.4 所示。

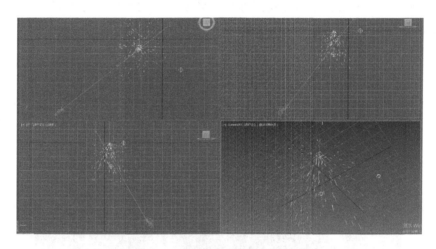

图 14.4　设置并调整摄像机、灯光

（4）为粒子添加渐变贴图，最后的效果如图 14.5 所示。

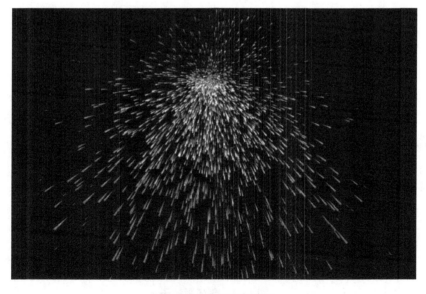

图 14.5　礼花渲染效果

14.3　制作落雨效果

制作落雨效果的命令与操作步骤与礼花类似，但是发射器的面积较大，另外根据雨的类型（大雨、小雨、暴雨等）旋转发射器的方向，为雨赋予光线跟踪材质，在此就不再详细展示操作过程了，落雨的渲染效果如图 14.6 所示。

图 14.6　落雨的渲染效果

14.4　制作雪花效果

（1）单击命令面板中的【创建】 ➕ →【几何体】 ⬤ ，在下拉菜单中找到【粒子系统】，单击【对象类型】下方的【雪】按钮，如图 14.7 所示。

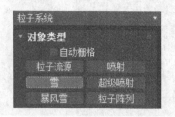

图 14.7　创建雪粒子

（2）在顶视图内创建一个粒子发射器，在视图右侧修改器面板的【参数】卷展栏中，修改发射器的宽度、长度，视口计数，渲染计数等，如图 14.8 所示。

图 14.8　修改雪粒子各项参数

（3）为场景添加摄像机、灯光，为增强雪花的空间感，复制三个发射器，如图 14.9 所示。

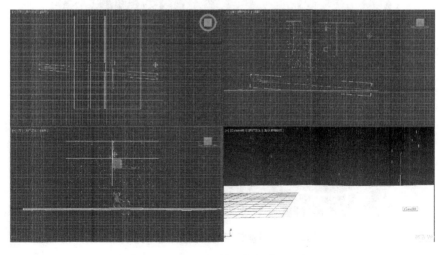

图 14.9　设置并调整场景摄像机、灯光

（4）为雪粒子添加不透明贴图，如图 14.10 所示。

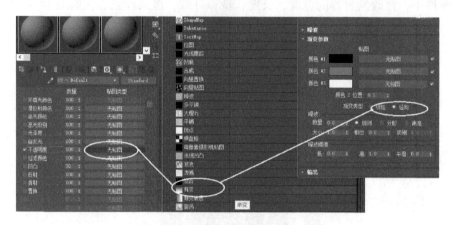

图 14.10　为雪粒子添加不透明贴图

（5）调整贴图的自发光、扩展参数，如图 14.11 所示。

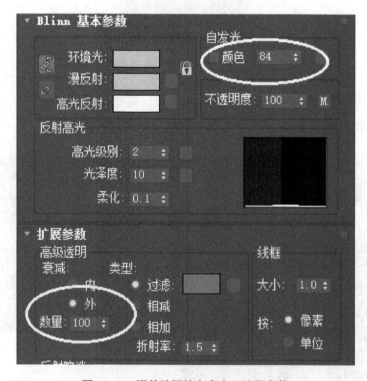

图 14.11　调整贴图的自发光、扩展参数

（6）最后的效果如图 14.12 所示。

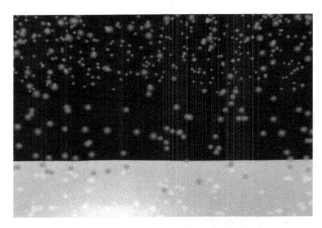

图 14.12 雪粒子最终渲染效果

14.5 制作文字破碎实例

文字破碎效果是影视广告中常见的一种视觉特效，被广泛地运用到各种视频广告中。本章内容通过制作影视广告中常用的文字破碎实例，来介绍 3ds Max 粒子系统的应用。

14.5.1 制作三维文字

（1）单击【创建】 ➕ →【几何体】 ⬛ →【文本】按钮，在前视图创建文字"牙渍"，如图 14.13 所示。

图 14.13 创建二维文字图形

（2）选择文字，单击命令面板中的【修改】标签，在修改器列表中选择
【倒角】命令，在【倒角值】卷展栏中将级别 2、级别 3 选项激活，分别调整 3
个级别的高度与轮廓数值，从而生成倒角立体字，如图 14.14 所示。

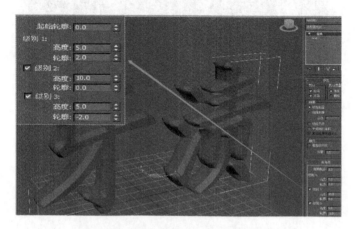

图 14.14　为三维字体生成倒角效果

（3）单击【创建】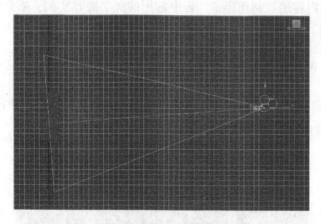→【摄影机】，单击【对象类型】下方的目标按
钮，在场景中创建一架目标摄像机，分别在顶视图、前视图、侧视图中调整摄像
机位置，为之后摄像机动画做好准备，如图 14.15 所示。

图 14.15　在视图中调整摄像机位置

14.5.2　为三维文字添加粒子特效

（1）单击命令面板中的【创建】→【几何体】，在下拉菜单中找到

【粒子系统】，单击【对象类型】下方的【粒子阵列】按钮，如图 14.16 所示。

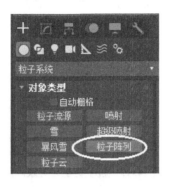

图 14.16　创建粒子阵列

（2）在透视图的任意位置点击鼠标左键，生成粒子阵列按钮。在视图右侧粒子阵列下方的【基本属性】卷展栏下方点击【拾取物体】按钮，这时鼠标变为十字花形，选择字体模型，如图 14.17 所示。

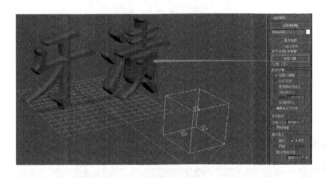

图 14.17　在透视图中创建粒子阵列

（3）播放动画，会发现在字体周围发射出粒子，如图 14.18 所示。

图 14.18　从物体周围发射粒子

（4）生成的粒子就是将要做的文字破碎碎片。默认的粒子形态是点状形态，需要对它的形态进行调节，成为需要的形态。在视图右侧【粒子类型】卷展栏中找到粒子类型选项，选择【对象碎片】选项，如图 14.19 所示。

图 14.19　粒子类型为对象碎片

（5）在粒子【基本参数】卷展栏中将【窗口显示】选项中的显示类型由【圆点】改为【网格】，如图 14.20 所示。

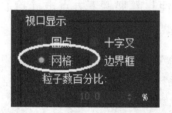

图 14.20　粒子在窗口显示的模式

（6）播放动画，现在的粒子形态已由之前的圆点形态转变为碎片形态。播放动画，可以看见字体有种炸开的效果，如图 14.21 所示。

图 14.21　粒子炸开的效果

（7）播放动画，发现当时间到达 30 帧之后，场景中的粒子碎片会消失不见，主要原因是创建粒子后粒子的默认寿命为 30 帧，因此需要对粒子寿命进行调节。在【粒子生成】卷展栏中找到【粒子计时】选项，将下面的寿命选项由默认的 30 改为需要的时间长度。同时，在【发射开始】选项里可以调节粒子发射的开始时间，根据需要对选项进行调节，如图 14.22 所示。

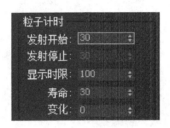

图 14.22　粒子的开始发射时间与寿命选项

（8）继续调节粒子发射的形态。当播放动画时发现粒子爆裂时的速度过快，这时需要对【粒子生成】卷展栏里的【粒子运动】中的速度选项进行调节。默认值为 10，可以根据需要自由调节数值，这里输入 5，如图 14.23 所示。

图 14.23　调节粒子发射速度

（9）观察碎片细节，发现碎片数量过多、过碎。同时，碎片的厚度也需要进行调整。在【粒子类型】卷展栏中找到【对象碎片控制】选项，对【厚度】选项进行调节，在这里输入 0.5（可根据达到的具体效果进行设置）。将默认选项【所有面】更改为【碎片数目】选项，输入破碎的面片数值为 500，如图 14.24 所示。

图 14.24　调节碎片厚度和数量

（10）仔细观察碎片会发现碎片在发射时缺少角度上的变化，如果想让碎片角度更加随机化，可以在【选择和碰撞】卷展栏中找到【自旋速度控制】里的【自旋时间】和【变化】选项，对数值进行调节为 5。默认数值为 0，数值越大，变化越明显，如图 14.25 所示。

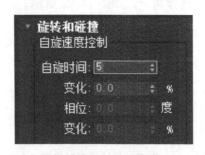

图 14.25　调整碎片角度

（11）对比调整【自旋时间】数值前后的效果发现碎片的角度发生了明显的变化。调整后的随机效果更加强烈，角度变化更丰富，如图 14.26 所示。

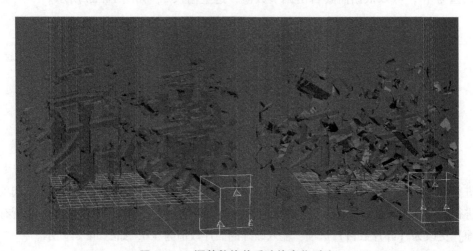

图 14.26　调整数值前后碎片变化对比

（12）在透视图中选择文字模型，点击鼠标右键将模型隐藏，如图 14.27 所示。

（13）选择摄像机，根据动画脚本对摄像机进行关键帧动画设置。

（14）播放动画，查看文字破碎效果动画，最终效果如图 14.28 所示。

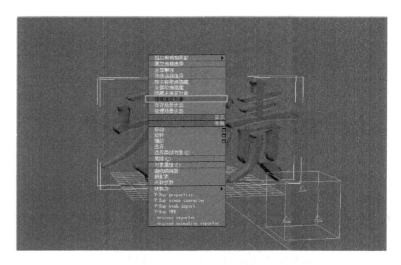

图 14.27　隐藏字体模型

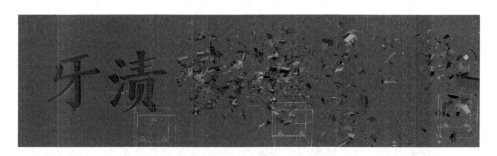

图 14.28　文字破碎效果动画效果

14.6　本章小结

　　本章通过制作三维动画广告中常用的破碎文字实例，讲解了在 3ds Max 中如何运用【粒子阵列】命令来创建破碎的视频特效，这种特效不仅可以应用到文字的破碎，还能适用于各种模型的破碎。通过实例的学习举一反三，灵活地运用粒子系统的各种类型来创建各种视频特效。

第 15 章

室内设计效果图案例制作

本章主要学习介绍 3ds Max2020 中文版制作室内设计效果图的案例；重点学习室内设计效果图的制作流程，了解室内场景建模、摄像机及灯光的设置与调节、赋予模型材质与贴图、渲染输出等制作流程。

本项目实例是一个现代风格的室内设计餐厅效果图制作。室内设计场景的绘制步骤：先导入 AutoCAD 制作的平面图；绘制平面图曲线，创建三维立体框架；创建室内三维物体；设置摄像机；赋予模型材质；设置灯光；渲染输出；利用图像处理软件 PhotoShop 进行后期处理等。在实际工作中，室内设计场景有不同的的创建方式，在这里仅展示一种，学习者可以自行拓展学习。

15.1 绘图单位的设定

在创建大场景的三维模型时，设置合适的绘图单位非常重要，也是后续精确建模的依据。

执行菜单栏【自定义】→【单位设置】，打开【单位设置】对话框，在【单位设置】对话框中，单击按钮【系统单位设置】，弹出【系统单位设置】对话框，在【系统单位比例】区域中将缺省单位设置为【英寸】，即 1【单位】= 1【英寸】，再单击右边的小黑三角按钮，在弹出下拉列表中选择【毫米】，这是室内设计中常用的单位，然后单击【确定】即可。

15.2 导入 AutoCAD 平面图

借助 AutoCAD 施工图进行建模能大大提高准确性和速度，还可以增强建模的统一性和整洁性。

（1）在 3ds Max 菜单栏中，选择【导入】→【导入】，打开【选择要导入的文件】对话框，在对话框中选择相应的文件，如图 15.1 所示。

图 15.1　通过【选择要导入的文件】对话框导入文件

（2）单击"打开"，在弹出的【AutoCAD DWG/DXF 导入选项】对话框中勾选【重缩放】，在【传入的文件单位】中选择"毫米"，单击【确定】按钮，即将 AutoCAD 文件导入 3ds Max2020 中，如图 15.2 所示。

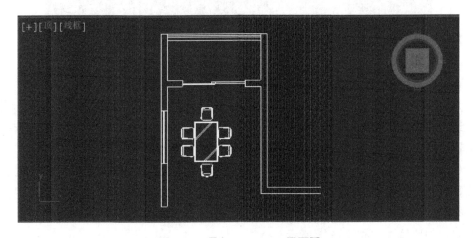

图 15.2　导入 AutoCAD 平面图

（3）为了便于后面的操作，将导入场景中的图形进行群组。

（4）选择冻结命令将其冻结，以免多选或少选了其余的模型，以免误操作。

15.3　创建场景的三维模型

室内效果图制作主要体现在模型形状、摄像机角度、材质表现、灯光效果、渲染质量及后期处理等方面。模型创建一定要精细，在创建过程中尽可能地节约面，提高渲染速度。

15.3.1　创建墙体

（1）单击【创建】 ![icon] →【几何体】 ![icon] →【长方体】，在顶视图中创建长方体 01、02，长方体 01 的长度为 6500，宽度 240，高度 3000；长方体 02 的长度为 2000，宽度超过长方体 02，高度 1800，如图 15.3 所示。

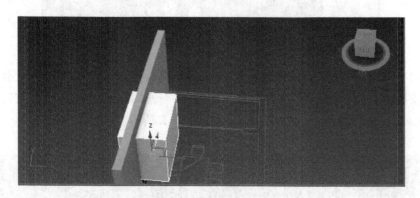

图 15.3　创建 2 个长方体

（2）将场景中物体进行布尔运算，这样就创建了一个带有洞口的模型。当场景中的模型很多时，可为创建的物体指定一个合适的名称，便于以后进行选择编辑，这里将"长方体 01"命名为"墙体 1"。如图 15.4 所示。

（3）复制墙体 1，并使用旋转工具绕 Z 轴旋转 90 度，将模型移到推拉门的位置。在模型上右击，将模型转换为可编辑多边形，选择并移动顶点，就创建出带有窗户的墙体 2，复制墙体 2，将模型移到阳台的位置，选择并移动顶点，创建阳台的墙体 3，如图 15.5 所示。

（4）使用二维线绘制出墙体 4，并选择挤出修改器挤出墙体 4 的高度 3000，

图 15.4　创建墙体 1

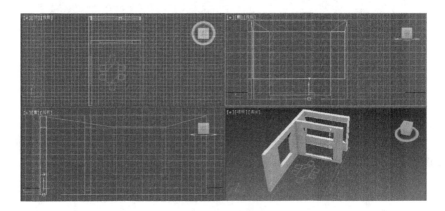

图 15.5　创建墙体 2、3

完成餐厅墙体 4 的创建，如图 15.6 所示。

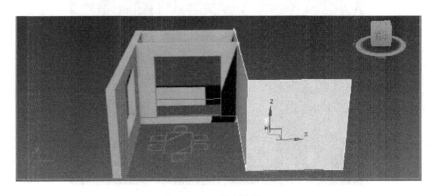

图 15.6　创建墙体 4

15.3.2 创建地面

单击【创建】 ➕ →【几何体】 ⬤ →【面片】，在顶视图中创建面片 01 作为地面，大小以超出室内最边缘为准，或者更大一些。如图 15.7 所示。

图 15.7 创建地面

15.3.3 创建踢脚线、门窗套线

（1）将 CAD 图形之外的模型全部隐藏，在捕捉菜单上右击，打开【栅格与捕捉设置】对话框，选择捕捉面板，勾选【顶点、边】，如图 15.8 所示。

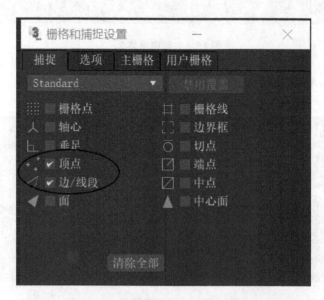

图 15.8 通过【栅格与捕捉设置】对话框设置捕捉模式

（2）单击【创建】 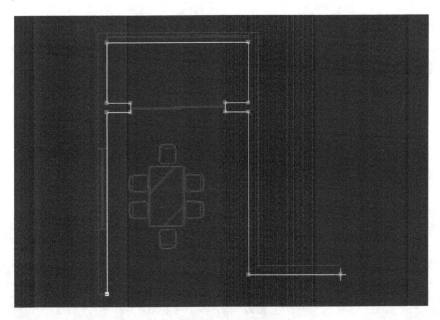 →【图形】　　→　　线　　，打开 2.5D 捕捉模式，将 CAD 图形解冻，在顶视图中捕捉墙体线创建"线 01"作为踢脚线，如图 15.9 所示。

图 15.9　绘制二维线

（3）进入【修改】命令面板，进入【样条线】次物体层级，单击【轮廓】，勾选【中心】，调节其数值为 30，向内外各挤出轮廓线，如图 15.10 所示。

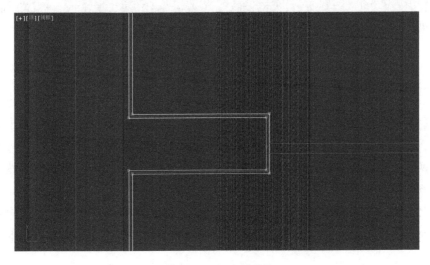

图 15.10　创建轮廓线

（4）选择挤出修改器，设置挤出高度为100，即可挤出高度为100mm的踢脚线，如图15.11所示。

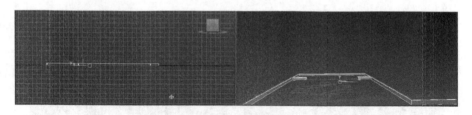

图 15.11　创建踢脚线

（5）利用同样的方法，创建出门窗套线；使用长方体创建出窗台板，即可完成踢脚线及门窗套线的创建，如图15.12所示。

图 15.12　创建踢脚线及门窗套线

15.3.4　创建顶部造型

（1）单击【创建】 ✛ →【图形】 ❷ →【矩形】，在前视图中创建大小2个矩形，设置小矩形的长度为2800，宽度为2500，大矩形尺寸合适即可；将大矩形转换为可编辑样条线，选择附加命令，将大小两个矩形成为一个整体，然后挤出为60，创建顶部反光灯池造型，如图15.13所示。

（2）单击【创建】 ✛ →【几何体】 ⬤ →【长方体】，在顶视图中创建一个大小合适的长方体或者平面，放置于反光灯池的上部，完成顶部天花的创建。

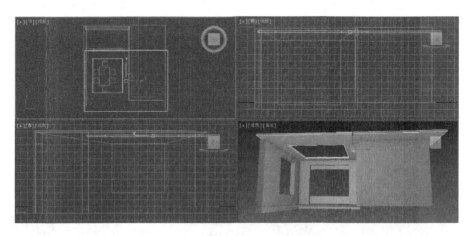

图 15.13　创建顶部反光灯池造型

15.3.5　创建推拉门窗

（1）在前视图中创建一个矩形，设置矩形的长度为 1970，宽度为 1770。

（2）将矩形转换为可编辑样条线，进入【修改】命令面板，进入【样条线】次物体层级，单击【轮廓】按钮，调节其数值为 60 左右，向内挤出内轮廓线。

（3）选择【挤出】修改器，设置挤出数量为 100，如图 15.14 所示。

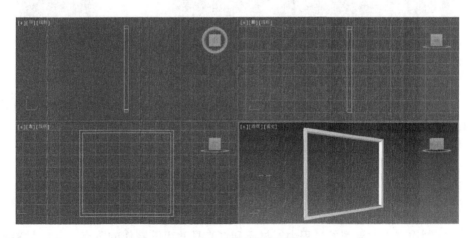

图 15.14　挤出窗框厚度

（4）利用同样的方法，或复制一份，修改顶点，都可以创建出厚度为 40 的推拉窗内框。

（5）在顶视图中创建一个面片作为"推拉窗玻璃"，如图 15.15 所示。

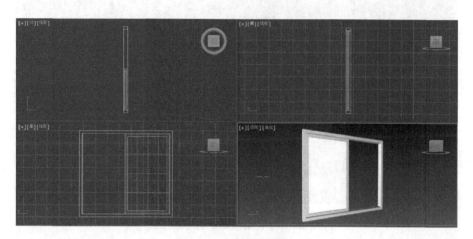

图 15.15　创建窗户玻璃

（6）复制出一扇窗框，移动到合适位置，创建出另一扇推拉窗内框，效果如图 15.16 所示。

图 15.16　创建窗户

（7）利用同样的方法创建出推拉门和阳台推拉窗，完成推拉门和阳台推拉窗的创建。

15.4　为模型添加材质与贴图

在制作室内效果图的过程中，材质和灯光是效果图制作的重点，其中材料及质感起着决定性作用。

选中所有墙体，按下 M 键，打开材质编辑器，为墙体赋予米色乳胶漆的材质；地面赋予 600x600mm 的米黄色玻化砖，并应用光线跟踪贴图添加地面反射；

顶面赋予白色乳胶漆材质，门窗套为白色，推拉窗为深灰色的亚光金属材质和清玻璃材质，最终如图 15.17 所示。

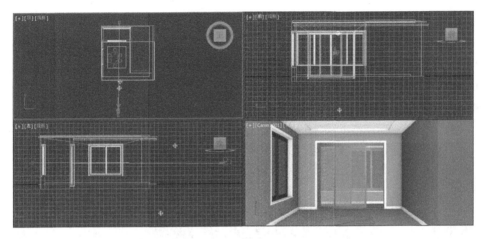

图 15.17　为场景模型添加材质与贴图

15.5　创建场景摄像机

在室内设计效果图制作中，最好在建立简单的空间效果后，就及时添加一架摄像机，并调节好摄像机的角度。单击【创建】 ✚ →【摄像机】 ▣ →【目标】，在顶视图中创建一架目标摄像机，将其透视视图切换为当前视图，按 C 键切换到摄像机视图，并在各个视图中移动摄像机和它的目标点，或调整镜头及视野参数，直到摄像机的角度及位置合适为止，如图 15.17 所示。

15.6　创建场景灯光

单击【创建】 ✚ →【灯光】 ▣ →【泛光灯】，在场景中创建两盏临时泛光灯 "泛光灯 01" "泛光灯 02"，创建两盏临时泛光灯是为了照亮场景，满足基本的照明需要，将两盏泛光灯移动到如图 15.17 所示的位置。

15.7 导入外部三维模型

选择【文件】→【导入】→【合并】，打开【合并】对话框，找到需要导入的三维模型，将模型合并到场景中。采用同样的方法，依次导入餐桌椅、窗帘、射灯、挂画等三维模型，完成模型的导入，并为所有模型赋予材质与贴图，最终效果如图5.18所示。

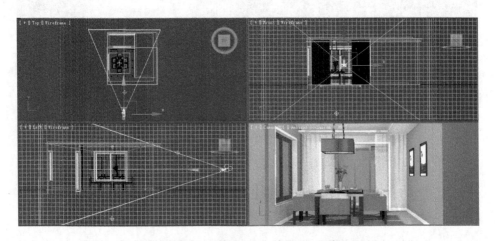

图 15.18　在场景中导入家具的三维模型

15.8 渲染输出

当模型、材质和灯光创建好以后，最后一步工作就是将场景进行渲染输出。对于复杂的室内效果图，为了便于后期处理，可以渲染出 TGA 或者 PNG 格式的图像。本章案例采用 VRay 物理相机，运用了 VRay 灯光及"光度学"灯光，使用 VRay 渲染器对场景进行渲染。

在使用 VRay 渲染器对场景进行渲染前，需要将材质、灯光转换为 VRay 材质与灯光等前期设置。

15.8.1 创建 VRay 摄像机

删除场景中的摄像机，在顶视图创建一个 3ds Max 自带的物理摄像机，或

VRay 物理相机，都可以。本节采用的是 VRay 物理相机。设置并确定相机在场景中的具体位置，调节相机在场景中高度和具体位置后，设置相机片门大小为 36，焦距为 30，如图 15.19 所示。

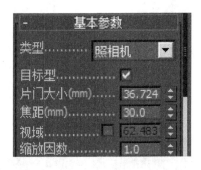

图 15.19　设置 VRay 物理相机的参数

15.8.2　设定 VRay 材质

（1）设置顶部天花材质，天花的材质参数设置比较简单，只在漫反射通道调节合适的颜色即可，如图 15.20 所示。

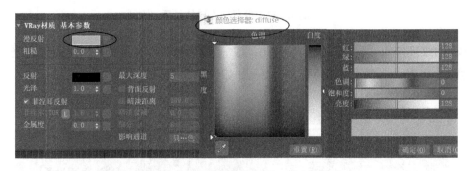

图 15.20　设置顶部天花的材质颜色

（2）设置墙面的材质，墙面材质和天花材质是差不多的，仅对墙面增加微弱的反射效果，在漫反射通道中设置颜色亮度为 40，让墙面具有微弱的反射效果；设置光泽度为 0.75，如图 15.21 所示。

（3）设置地面砖的材质，在漫反射通道中添加一张石材的纹理贴图，用来模拟地面砖砖面效果；为了有较强的反射效果，在反射通道中设置颜色亮度为 170，高光光泽度为 0.75，光泽度为 0.85，细分为 8；如图 15.22 所示。

（4）设置餐桌椅木纹的材质，先在漫反射通道中添加一张木纹贴图来模拟

图 15. 21　设置墙面的材质

图 15. 22　设置地面砖的材质

地板的纹理效果，设置漫反射为 170；设置反射的颜色亮度为 128；设置高光光泽度为 0.75，光泽度为 0.85，细分值为 12，如图 15.23 所示。

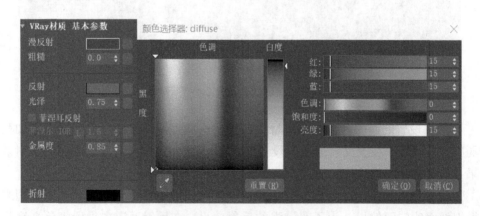

图 15. 23　设置餐桌椅木纹的材质

（5）设置餐桌椅的材质，先在漫反射通道添加一张纹理贴图用来模拟座椅背面的纹理效果，设置其模糊值为 0.01。

（6）设置窗户玻璃的材质，窗户玻璃是清玻璃，设置漫反射为灰色；漫反射；漫反射在玻璃材质中折射控制下将不起作用，这里可以不进行设置，本场景中漫反射为 128 的灰度，反射为 180，高光光泽度与反射光泽度均为 0.85，如图 15.24 所示。

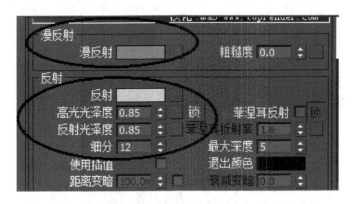

图 15.24　设置玻璃的材质

（7）设置不锈钢窗框的材质，不锈钢的漫反射颜色设置为一个深色橄榄绿，反射通道中的颜色灰度值为 40；高光光泽度为 0.55，反射光泽度为 0.75，细分为 15。

（8）设置餐桌椅木纹的材质，并将木纹材质的凹凸变化值为 8.0。

15.8.3　设定 VRay 灯光

设置场景中的材质后，就需要布置场景灯光了。照明设计是室内设计非常重要的一环。室内照明的设计，灯光的分布是效果图制作中的一个难点。不只单纯地考虑室内如何布置灯光，还要考虑亮度与阴影效果。

（1）打开创建命令面板，选择 VRay 灯光，在场景中设置 VRay 灯光，如图 15.25 所示。

（2）调整好 VRay 光源在场景中的位置以后，需要设置灯光的参数值，室外光源的颜色都为深蓝色，但亮度值不同，因为离摄像机近的位置由于有室内其他光源的照射，天光的强度会因此减弱，参数设置如图 15.26 所示。

（3）室内 VRay 光源的参数设置如图 15.27 所示。

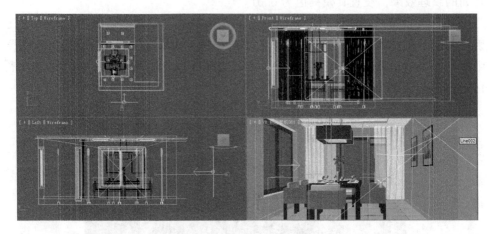

图 15. 25　VRay 灯光的位置

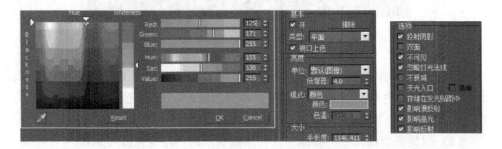

图 15. 26　VRay 灯光的参数设置

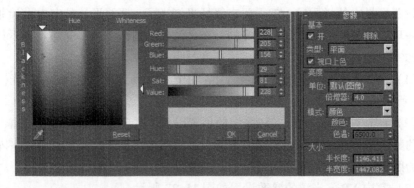

图 15. 27　室内 VRay 灯光的参数设置

15.8.4　VRay 渲染

设置好参数后，需要渲染一下，对灯光的光照效果做一个测试，观看灯光设置效果，点击渲染设置![icon]，打开渲染设置对话框，点击![icon]，打开选择渲染器，选择 V-RayAdv2.10.01。渲染测试、渲染光子图及正式渲染的操作方式在前面章节中已经讲过，在这里就不再展示了。

当测试效果达到预期的效果后，就必须设置一个较高的渲染参数值来渲染场景最终图像。如图 15.28 所示设置宽度大小为 2400x1950 的最终渲染效果。

图 15.28　餐厅效果图最终渲染效果

15.9　效果图后期处理

目前，建筑表现效果图、室内效果图等静态效果图都采用图像处理软件 PhotoShop 进行后期美化，后期处理可以极大地提高效果图的整体效果。当渲染出效果图后，将效果图导入 PhotoShop 中，进行后期处理来调整画面的整体和统一性，得到一个比较完美的效果。

在 PS 中处理效果图的操作主要有：①处理效果图的区域色彩和图像的亮度与对比度；②调整图像的比例；③为场景添加植物、陈设品等；④修改渲染中出现的问题。

15.10   本章小结

本章通过 3ds Max 制作餐厅效果图的实际应用，讲解了室内装饰设计的基本知识，室内设计需要掌握的要素，室内设计效果图的制作流程，效果图 PhotoShop 后期处理技巧等，学习者应多加练习、熟练掌握。

第 16 章

建筑表现效果图案例制作

本章通过制作小区住宅单元楼的建筑表现效果图，介绍 3ds Max 建筑模型创建，球天制作方法，VRay 渲染器的使用，建筑表现效果图的后期处理等。

16.1 导入 AutoCAD 平面图

在建筑表现效果图的制作中，经常利用 AutoCAD 平、立面图进行辅助建模，这种建模方式快速、简单而准确。

CAD 平面图在模型中用来参考建筑的位置；CAD 平立面图制作建筑外形及进退关系；CAD 平立面的组合就可以完成一个整体的建筑三维模型。导入 CAD 图形之前，最好在 AutoCAD 软件中将文件另存一份，将不必要的图形删除，仅保留建筑的结构等有用的图形。导入的 CAD 施工图一定要准确，可以先建一些参照物，最后捕捉定位。

（1）将 AutoCAD 制作的平面图导入 3ds Max 场景文件中，如图 16.1 所示。

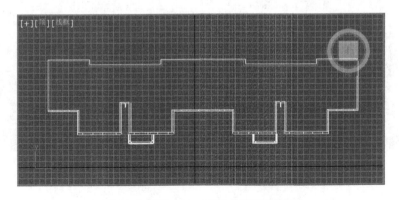

图 16.1 导入 AutoCAD 制作的平面图

（2）将导入之后的 CAD 图形成组，并分别名命清楚；将轴心位置设置到 X：0、Y：0、Z：0 位置上，然后冻结。

（3）按照平面图的导入及成组方式，依次导入建筑的东立面、西立面、左立面及右立面的 CAD 图，并根据平面图将位置摆放准确，最终效果如图 16.2 所示。

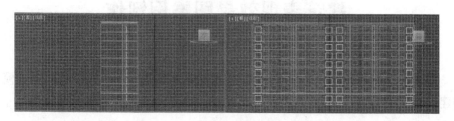

图 16.2 导入 AutoCAD 制作的各立面图

16.2 创建三维模型

（1）依照着 CAD 图的顶视图，使用二维线绘制出建筑顶面图的楼板轮廓，并选择挤出修改器，将图形拉伸出建筑的标准单位为 300，创建出楼板的厚度，如图 16.3 所示。

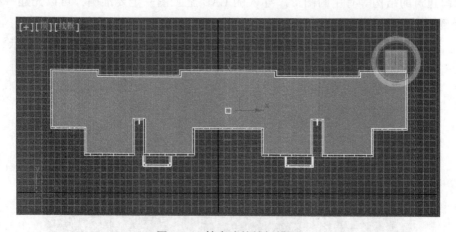

图 16.3 挤出建筑楼板模型

（2）复制多个楼板，并分别对齐到前视图的每一层分界线，如图 16.4 所示。

（3）使用挤出修改器将立面图的各个面分别挤出；或转换为可编辑多边形，

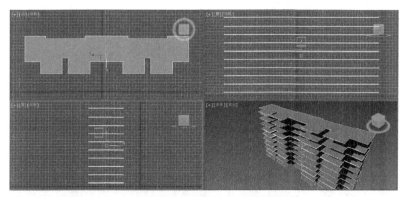

图 16.4　复制并对齐楼板

将 CAD 的二维图形转换为三维模型，如图 16.5 所示。

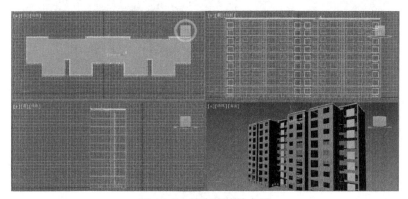

图 16.5　挤出建筑的立面

（4）依次制作出窗户、玻璃、阳台、空调机位、女儿墙、电梯间等三维模型，具体制作步骤就不再一一详述了，完成的建筑模型如图 16.6 所示。

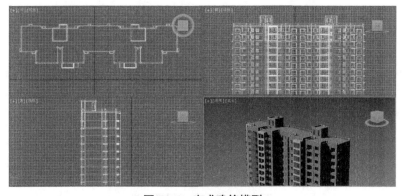

图 16.6　完成建筑模型

16.3　创建地面和球天

（1）使用长方体创建地面，选择球体创建半球体。

（2）将半球体转换为可编辑多边形，在前视图中选择球体上部的顶点，使用缩放工具沿 Y 轴缩小半球的大小至合适的程度，如图 16.7 所示。

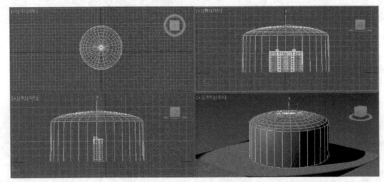

图 16.7　创建地面和球天

16.4　设置摄像机

在视图中设置摄像机，并调整摄像机到合适的位置，为场景添加一盏标准灯光的平行光作为主光源，在相反的位置添加一盏泛光灯作为辅助光源，但不能超过主光源，设置阴影、灯光的颜色及照度等，如图 16.8 所示。

图 16.8　为场景设置摄像机

小提示

如想效果图美观，可以继续创建地面的草坪等园林景观，在此就不再演示创建过程了。

16.5　赋予模型材质与贴图

按 M 键，打开材质编辑器，为建筑模型、球天、地面、草坪等赋予不同的材质与贴图，并使用 UVW 贴图进行贴图编辑。赋予模型材质与贴图的操作方式已经在前面章节中详细介绍过，在此就不再一一展示了。

16.6　渲染输出效果图

渲染输出一张建筑表现效果图、一张颜色通道图，方便于在 PhotoShop 中进行后期处理。

（1）设置渲染大小为 2400x1900，将摄像机视图渲染出一张建筑表现效果图，并存储为"建筑.tga"格式。

（2）更改模型的颜色，渲染出一张大小相同的颜色通道图，并存储为"建筑2.tga"格式。

（3）将图片在 PhotoShop 中进行后期处理，添加树木、草坪、天空等内容，处理完后将文件存储为"建筑.jpg"格式，最终效果如图 16.9 所示。

图 16.9　建筑表现效果图最终效果

16.7 本章小结

本章详细讲解了建筑表现效果图的建模、灯光设置、材质与贴图、渲染及后期处理等制作流程；对于建筑效果图来讲，仅有 3ds Max 软件的操作技巧与制作经验是不够的，还要熟悉建筑结构，具备良好的美术功底，才能制作出优秀美观的建筑表现效果图。

第 17 章

建筑漫游动画案例制作

建筑动画采用动画虚拟数码技术结合电影的表现手法，根据房地产的建筑、园林、室内等规划设计图纸，将建筑外观、室内结构、小区环境、生活配套即物业管理等进行提前演绎展示，让人们提前感受美好的未来家园。本章主要介绍建筑漫游动画的制作步骤，重点介绍预演动画的制作，地面拼花、树木、车辆等建筑配置的制作及后期处理等。

17.1　前期准备工作

制作建筑动画前要做好充分的准备工作，这将影响到整个制作过程。首先要有合理的分工，制定好绘图的标准，主体要表现什么整体效果；哪一部分需要细致表现；摄影镜头的运动设计；每段镜头片段的时间控制及视觉效果，整体美术效果；音乐效应；解说词与镜头画面的结合；决定哪些需要在三维软件中制作、哪部分在后期软件中加工处理等。

17.2　制作预演动画

根据脚本在 3ds Max 中制作出简易的建筑沙盘模型，这一步虽然花的时间很少，但却非常重要，因为镜头脚本只是对镜头的文字的描述，不够直观，容易使建筑动画制作团队成员误解。建模工作都是围绕着镜头来实现，模型的精确或粗略都是由镜头来决定。形象的 Box 预演动画能表达出各建筑与镜头之间的关系，给制作团队节省很多时间、精力和制作成本，如图 17.1 所示。

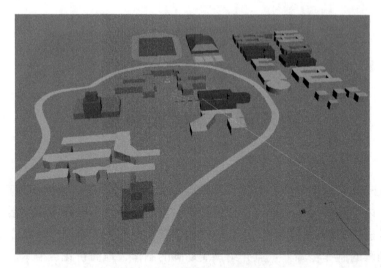

图 17.1   box 预演动画效果

17.3   创建建筑的三维模型

由于建筑动画各场景建模的工程量比较大，选择相对高效的建模方法，对节省系统资源、模型集成和场景漫游有着非常重要的意义。

17.3.1   将 CAD 图导入 3ds Max 场景中

（1）将 CAD 的平面图导入 3ds Max 场景文件，将导入后的 CAD 图形成组，并分别命名清楚。

（2）将轴心位置设置到 X：0、Y：0、Z：0 位置上，然后冻结。

（3）按照平面图的导入即成组方式，依次导入建筑的东立面、西立面、左立面及右立面的 CAD 图，并根据平面图将位置摆放准确（注意一定要准确，如果不能确定可以先建一些参照物，最后捕捉定位），最终效果如图 17.2 所示。

（4）通过 CAD 图的各个面，选择用线型描绘出线，保留窗洞与门洞，挤出厚度，即楼层的高度。这时注意不同材质的物体要分别挤出。

（5）在【修改器】下方的修改器列表里找到【编辑多边形】命令；或在圆柱体模型上右击，选择转换为命令，将挤出后的物体转换成可编辑多边形。

（6）为了加快系统运行的速度，可以删除一些看不见的面，墙与墙之间要

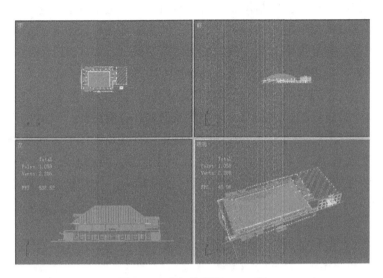

图 17.2　定好位置的 CAD 图

用捕捉来定位，不应该出现共面、相交的面，挤出的墙面如图 17.3 所示。

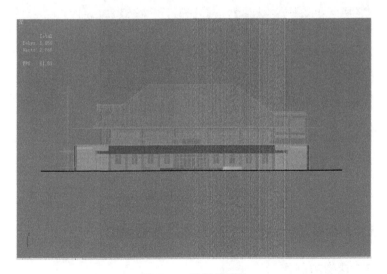

图 17.3　挤出的墙体

17.3.2　窗户与门的制作

根据镜头剧本的要求来制作窗户，要特写的窗户用实体窗框加玻璃来完成，中景的窗户用窗框贴图加玻璃来完成。

　　首先制作窗户贴图，再制作黑白通道贴图，以不透明为黑，透明为白，中间再加一块玻璃来模拟出窗户的效果。这样做的目的是在保证效果的前提下，以最优化模型，以达到最优化文件，减少渲染时间。但是，要注意绘制贴图，贴图如果做得不好将会直接影响窗户的质量。最好的方法是先去照窗户的真实图片，然后再用 PhotoShop 把变型的部分与色彩调节好，然后再用该图制作出黑白通道图。

　　若没有中景窗户的纹理贴图，为了能减少多一点的面数，只能牺牲一点点精力了。首先制作出实体的窗户，然后给予材质，再按正视图的方式渲染出一张图片，该图片就作为中景窗的纹理贴图，这也是一种好方法。另外，如果 PhotoShop 软件用得好，就可以直接用它用绘制出来，比较快速，效果较好，如图 17.4 所示。

图 17.4　窗户效果

门和窗户的制作方法一样，这里就不再重复叙述了。

17.3.3　楼梯的制作

　　在左视图描出楼梯的造型线，然后挤出厚度，将楼梯转换成可编辑多边形，然后删减看不见的面，形成片面。对于那些只有平面图的楼梯来说就要走多一步了，首先在顶视图长方体一个级一个级的楼梯绘制出来，然后再在左视图描出楼梯的造型线，方法同有左视图的楼梯，只是多了一部定位，然后再删掉那些长方体即可。

17.3.4　栏杆的制作

精细栏杆直接用实体模型制作，方法和窗户一样。半精细栏杆：只是栏杆顶部用实体模型，下部用黑白通道贴图代替。用这种方法是因为栏杆的顶部比较重要，当渲染出图时，实体模型会有真实的阴影，只是片面近看起来比较假，用这种方法就提高了真实度，同时又不会增加太多的面。粗略栏杆只是制作一个片面，然后用黑白通道贴图代替。制法与中景窗户相似，不同点在于栏杆不用纹理贴图，只需赋予金属材质，最终效果如图 17.5 所示。

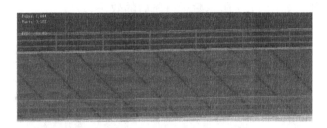

图 17.5　栏杆效果

17.3.5　屋顶的制作

屋顶的建模比较复杂，首先要认清楚结构，理解结构之后再开始动手。首先根据 CAD 图画各视图的二维线，注意要分块画出，如体育馆就分成三部分构成，还要注意三部分之间的准备连接的关键点的数目是相同的，并且在 Z 轴位置相同。这样做的目的是方便拼接。然后将二维线挤出适当的厚度，再转换成可编辑多边形，通过移动多边形的点的方法来完成图形的外形，效果如图 17.6 所示。

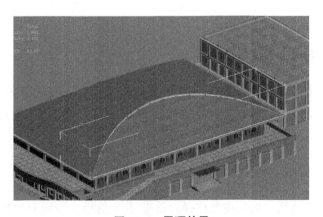

图 17.6　屋顶效果

17.3.6 墙体、柱子、屋顶的制作

墙、柱子、屋顶的制作大多用贴图来代替，建模方法较为简单，但是贴图的制作比较复杂。关键点是墙体、窗户、门共建，将墙体、窗户、门连成一个整体来构建，如果是和墙体是共体的柱子也应该连成一个整体。可用二维线勾出外形，然后直接挤出楼高的厚度，再进行贴图。

屋顶和精模制法一样，只是当有弯曲的形状时，应化圆为直的方法减少分段数。柱子与墙体分离的柱子用实体模形，只是当有弯曲的形状时，应化圆为直的方法减少分段数，如图 17.7 所示赋予材质后的效果。

图 17.7　赋予模型材质效果

17.4　创建地形的三维模型

17.4.1　导入 CAD 图形

地形建模主要是道路、地面、树木等的模型，首先在场景中导入 CAD 图，导入方法和建筑建模一样，导入之后将模型成组，如图 17.8 所示导入后的 CAD 图。

17.4.2　地面的各类铺地及地花

地面的各类铺地、地花注意选择合适贴图（色彩、冷暖对比协调），尤其注

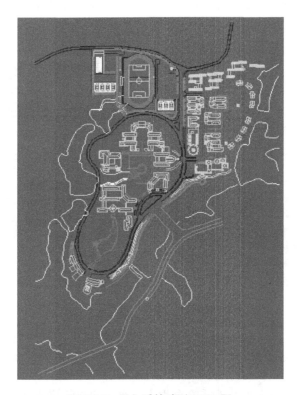

图 17.8　导入后的地形 CAD 图

意调好贴图坐标，扭转了一定角度的铺地注意贴图纹理走向要跟随铺地（UVW Map 中旋转 Gizmo 的角度），如无特殊情况，贴图坐标统一调 UVW Map BOX 20×20×20，疏密通过材质中贴图重复次数调。铺地的颜色切忌过"跳"，饱和度相对较低，多以几何拼接出现；各个界面之间需要加收边，避免硬接。注意分清楚上下层次，避免出现平面重叠情况。描画一个轮廓线，原地复制，加 Outline 修改（如 0.15），挤出厚度（如 0.2），选择源线条，成片，移到一定高度（小于挤出厚度，如 0.05，但一定要高于另一面）。复杂铺地地花根据实际需要，描好分隔，根据需要加入贴图。

17.4.3　道路（行车道）

道路（行车道）要使用放样，路面为水平的线条。放样注意段树和法线方向。贴图就使用放样物体默认坐标。使用放样生成的物体一般的面都会很多，这对于建筑动画来说是很不利的，但是有时又要用到，唯一办法就是将面数减少到最低，减面的方法是尽量减少分段，删除底面，减少优化值，但是原则是能减则减，不能减的千万不要减。在 Loft 修改中调整重复次数（注意贴图比例，贴图一定要跟着面走，不然会出现错误）。地面及道路效果如图 17.9 所示。

图 17.9　地面及道路效果

17.4.4　水体模型

建筑配景的水体多以水池或喷泉为主。水面和软硬铺装交接需自然，线条感不能太凸显，可适当以配景植物点缀。喷泉的水较水池的动态控制难度大，喷泉的水正对相机比较清晰，侧面比较模糊、有雾气感；水体模拟常用表面模型来表现，因为它易于操控，可以在它上面进行变形、贴图等操作；粒子系统一般常用来表现水的动态效果，而在表现静态景观效果时，常用 PhotoShop 贴图法来代替三维模型，可以节省时间，而且可能更有真实感。水要成片，垫在底层，靠面层挖空成型，露出水的形状，分两种形式（水池边、自然入水）水池边使用一般常规描线、轮廓、挤出做法，如图 17.10 所示。

17.4.5　建筑配景

目前，建筑动画的全模已成一种趋势，全模中建筑动画中的配景一般包括人物、汽车、树等，可以使用 Tree Storm 插件或二维贴图法来制作。Tree storm 和二维贴图法制作的植物效果好，也较易操作，但是 Tree storm 生成的是纯三维模型，更易观察、透视感强，但树木模型数量很多时，运行速度会很慢。因此，在纯三维的模型制作中，可以采用 Tree storm+十字树法生成，近景树木用 Tree storm 生成，中远景用十字树法来完成，这样制作的模型，即可满足良好的三维效果、透

图 17.10 水面效果

视效果和真实感，还解决了运行速度慢的缺点，效果如图 17.11 所示。

图 17.11 创建的近景树效果

本节以运用十字树法做树的材质设置为例，讲解此类型的物体的材质应用。

（1）选中一个空白材质球，命名为米字树。点击贴图选项，点击漫反射后的"无"按钮，打开材质/贴图浏览器，选中位图选项，选择树的图片赋予材质球，如图 17.12 所示。

图 17.12　选择树的图片

（2）点击转到父对象█按钮，返回上一级菜单，选中不透明度后的"无"按钮，打开材质/贴图浏览器，选中位图选项，选择树的黑白图片赋予材质球，如图 17.13 所示。

图 17.13　选择树的黑白图片

（3）在前视图中创建一个平面，并赋予米字树材质，选中平面，按住 Shift 键旋转平面完成复制命令，重复操作，完成米字行，如图 17.13 所示。

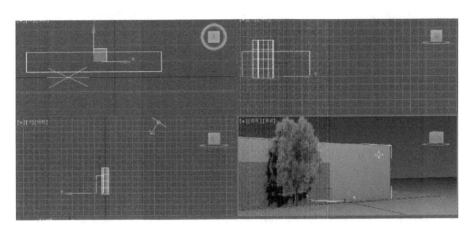

图 17.14　赋予米字树材质后效果

（4）使用了同样贴图的方法，制作灌木和墙面等其他场景，效果如图 17.15 所示。

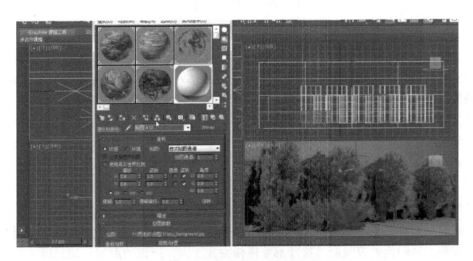

图 17.15　创建其他材质后效果

（5）设置渲染输出参数，最终渲染效果如图 17.16 所示。

图 17.16　建筑配景的渲染效果

17.5　场景合成

在 3ds Max 中，将其他场景文件合并到一个文件目录下的操作方法主要有两种，直接合并 3ds Max 文件和导入其他非 3ds Max 格式文件。通常合并 3ds Max 场景中的某些元素到一个场景中要用到合并命令，这是场景合成操作的主要工具。导入命令输入的是非 3ds Max 格式的文件，如 DWG 格式文件。合并命令可以将 3ds Max 中的几个不同场景合并到一个文件中，形成一个更大的场景。执行该命令时，主要通过选择的方式将要合并场景的 3ds Max 文件中的对象选择合并到当前场景，常用于 3ds Max 之间的数据交换。如在建筑动画设计中，将创建好的地形模型、水面模型、树木模型合并到当前创建好的建筑场景中，形成一个完整的建筑动画场景。在场景合并时可能经常会遇到一些问题，例如有时会出现死机现象、贴图丢失等问题。这些都要慢慢去找原因，死机的原因可能是因为显视卡的问题，可以试试图形显视模式为 OpenGL。贴图丢失可能是因为原模型没有打包过来再合并。还要注意合并后建筑的位置问题，合并时一定要选择对齐方式来对齐，这样就不会出现建筑挂在空中的现象。

17.6　细节修改

对于建筑动画中整体效果的制作来说这一步是关键，因为细节决定成败，细节修改所用到的技术不多，只是工作要细心，要认真地观察合并后的场景有没有出错，有没有位置错误，材质是不是已经统一了，还缺少哪些东西，不要怕烦琐，一步步认真查找。

17.7　设置场景中的灯光

三维场景中的灯光对场景的基调和气氛起着决定性的作用。场景的基调是指在灯光中表达的一种基本情绪，这对整个图像的外观是至关重要的。场景中的物体被赋予适当的材质后，就要进行场景灯光的布置了，通常每一个材质都要在灯光的配合下进行细微调整，通过灯光与材质的配合来表现场景的最终效果。因为灯光的着色与强度都会影响到材质的最终效果，而材质的反射强度和反射范围也会影响到灯光的最终效果，所以必须要在物体被赋予适当的材质后进行灯光的设置。不管是制作效果图还是建筑动画，除了要有好的设计、构图等因素外，还要有好的灯光表现和恰当的材质运用。灯光在作品中的最终效果是由灯光在物体表面上所产生的亮面、灰面、暗面以及阴影来体现的，因此在每一个画面中及时处理好建筑物的这几个面之间的关系，对建筑漫游动画的制作来说都是非常重要的。

17.8　动画设置

建筑动画的动画调节相对比较简单，主要就是摄像机的动画设置。可能当制作都完成了大部分的前期工作，只是因为没能好好运用摄像机的动画设置，就会使很多漂亮、精致的模型失去了光彩，显得平淡无奇。在建筑动画的制作中，除了用动态的影像技术去表现建筑的外部构造外，最重要的是要表现建筑的内涵，想通过摄像机的运动对建筑进行展示，可以得到惟妙惟肖的动画效果，摄像机的路径运动动画在摄像机的那一章已经讲过，在此就不再重复了，最终效果如图17.17 所示。

图 17.17 摄像机动画效果

17.9 特效动画

做完了动画工作中上面的部分，就要为作品添加特技效果了，用来烘托整部动画作品的气氛，加入一定的特效能使建筑动画的视觉效果更加真实和亮丽。建筑动画的特效制作一般都不会在三维软件里完成，因为这样做在调整上不方便，会加重硬件系统负担，而且调整的依据都是根据试渲染的效果进行的，会造成制作动画的效率低下。制作建筑动画所需要的特效并不多，技术相对简单，常用的有在水面加入闪光、加入镜头光晕，为场景中制作清晨雾效、某些燃烧着火把的体育场馆等。

17.10 渲染输出

建筑动画制作工作的最后步骤就是渲染输出的过程，在这个过程中，主要是平衡好渲染质量和渲染时间两者之间的关系。经过建立模型、动画制作、材质灯光调整后，还要通过渲染才能把场景模型转化为视频或图像，渲染器的选择对渲染输出的图像质量有关键性的影响，而且选择不同的渲染器对模型制作、表面材质、灯光设置等也有不同的要求。

17.11　本章小结

　　建筑动画的应用极广，本章内容详细介绍了建筑动画的制作步骤，着重介绍了工作中的实践经验，只有理论结合实际，才能创作出高水平的建筑动画作品。学习者应勤加练习，在制作中注意建筑动画整体效果，使制作水平更上一层楼。

第 18 章

影视广告动画案例制作

在一些广告动画中，经常会看到图片或视频的翻动播放效果。本章通过制作翻动的广告牌的实例，介绍 3ds Max 在影视广告方面的应用，如何在【粒子视图】中通过连接特效节点的方式创建一些常用的视频特效方法，通过实例的学习，可以利用节点连接方式制作出各种视频特效。

18.1   制作广告牌模型

（1）单击命令面板中的【创建】 ➕→【几何体】 ⬤ →【圆柱体】，在中文版 3ds Max2020 场景中创建一个半径为 3，高度为 70，高度分段和端面分段均为 1，边数设置为 3 的圆柱体三维模型。

（2）在【修改器】下方的修改器列表里找到【编辑多边形】命令；或在圆柱体模型上右击，选择转换为....，都可将圆柱体转换为可编辑多边形。

（3）选择【编辑多边形】命令中的【选择】卷展栏，点击 ◁ 线级别按钮，进入多边形的线级别选择，在透视图中选择圆柱体侧边的三条线，在视图右侧的修改属性栏里找到【编辑边】卷展栏，在下方点击【切角】按钮，为圆柱体添加切角效果，切角值设置为 0.1-0.2，如图 18.1 所示。

（4）单击命令面板中的【创建】 ➕→【几何体】 ⬤→【平面】，在透视图中圆柱体的下方创建一个平面。

（5）单击【修改】 ◪ 命令面板，在【参数】卷展栏下修改平面的长度为 150，宽度为 15，长度分段为 24，宽度分段为 1，如图 18.2 所示。

（6）将平面转换为可编辑多边形，选择【编辑多边形】命令下的【选择】卷展栏，点击 ⸬ 点级别按钮，进入多边形的点级别选择，在透视图中选择平面一侧的所有顶点，为之后添加粒子做好选择上的准备。选择完毕后再回到物体级别。这样以后要选择平面物体，这一侧的点会优先选择，如图 18.3 所示。

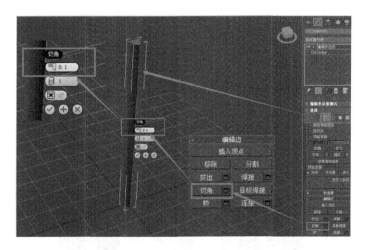

图 18.1　为圆柱体添加倒角效果

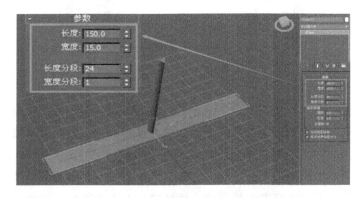

图 18.2　调整面片属性数值

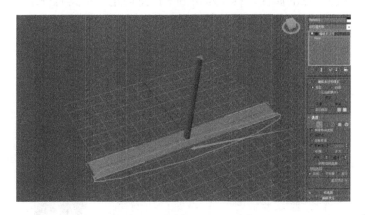

图 18.3　选择平面一侧的点

（7）点击菜单栏的【图形编辑器】菜单，在下拉菜单中找到【粒子视图】项，点击【选择】，这时【粒子视图】窗口会自动弹出，如图 18.4 所示。

图 18.4　粒子视图

（8）【粒子视图】窗口共分为五部分，顶部为【菜单栏】，左侧上方为节点连接操作窗口，左侧下方为命令列表，右侧为描述窗口，主要用来描述选择节点的特性和作用。在命令列表中找到【standard flow】命令节点，按住鼠标左键将节点拖拽到节点操作窗口中。这时，在节点操作窗口中会出现两个节点按钮，而在描述窗口中会有对选择节点的描述。描述窗口上方为属性设置窗口，当选择节点时会出现相应节点的属性。【standard flow】将创建一个具有一组、具有默认操作符的新粒子系统发射器，如图 18.5 所示。

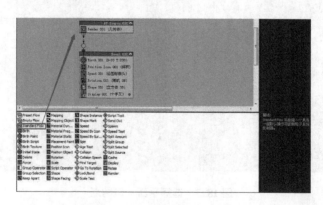

图 18.5　在粒子视图中创建节点

在节点操作窗口中出现了一组新的粒子系统发射器，是由两个节点所组成，上面的为父节点，下面的为子节点，两者由左侧的连接线所连接。

（9）选择下方子节点中 2 到 5 选项，按 Delete 键删除中间的 4 个选项，如图 18.6 所示。

图 18.6　删除 Event 001 中的中间 4 项

（10）选择上方的 PF Source 001 节点，在右侧的属性栏中会出现其相应的属性，将【可见%】数值设置为 100，如图 18.7 所示。

图 18.7　修改 PF Source 001 的【可见%】属性数值

（11）选择 Event 001 节点中的 Birth 001 选项，在右侧属性窗口中将【开始发射】、【停止发射】数值设置为 0，【数量】设置为 25。这个属性控制粒子的发射时间与发射数量，如图 18.8 所示。

（12）选择 Event 001 节点中的 Display 001 选项，将属性窗口里的【类型】改为几何体。按住鼠标左键不放，将 Display 001 选项由 Event 001 节点拖拽到 PF Source 001 节点 Render 001 属性的下檐处，松开鼠标左键，此时 Display 001 选项会由之前的 Event 001 节点选项转换为 PF Source 001 节点的选项，如图 18.9 所示。

图 18.8　修改 Birth 001 选项里的属性数值

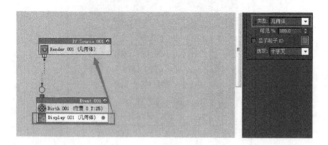

图 18.9　修改 Display 001 属性数值，改变其所属节点

（13）在【粒子视图】左下方的命令列表中找到【Position Object】命令，按住鼠标左键将其拖拽到 Event 001 节点的下檐位置，这时 Position Object 会自动粘贴到 Birth 001 选项的下方，从而成为 Event 001 节点中的一个选项。【Position Object】命令的作用是在一组参考对象上放置粒子，如图 18.10 所示。

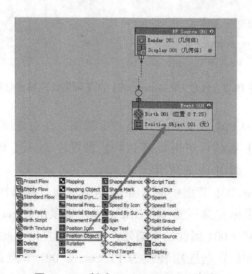

图 18.10　创建 Position Object 命令

（14）选择 Position Object 001 选项，点击其属性栏的第一项【发射器对象】下方的【添加】按钮，将鼠标移动到透视图中的平面模型上，点击选择平面模型，这时平面模型就被添加到了发射器中。由于之前创建模型时已将面片一侧的点选中，所以当拾取面片时粒子会被创建在面片的一侧位置。在【发射器对象】下方的列表中会看到平面模型的名称。打开其属性栏里【位置】下方的下拉菜单，选择【顶点选项】，勾选下方的【分离】项，将【距离】设置为 1，如图 18.11 所示。

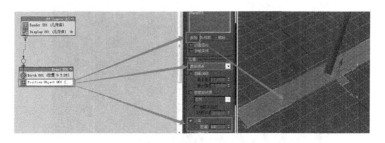

图 18.11　为 Position Object 001 添加发射载体设置其属性数值

（15）在命令列表中找到【Shape Instance】命令。将其拖拽到 Event 001 节点中 Position Object 001 选项的下檐位置。【Shape Instance】创建其形状基于参考几何体对象的粒子，对象的动画可与粒子的事件同步，如图 18.12 所示。

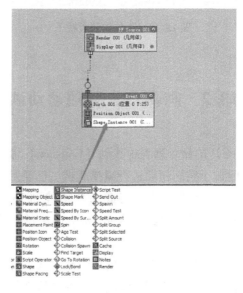

图 18.12　创建 Shape Instance 命令

（16）选择 Shape Instance 001，点击属性栏里【粒子几何体对象】下方的【拾取】按钮，将鼠标移动到透视图中，选择之前制作的圆柱体作为几何体对象，这时在平面一侧的粒子会被圆柱体模型所替代，从而出现多个圆柱体替代物，这时广告板模型已经完成，如图 18.13 所示。

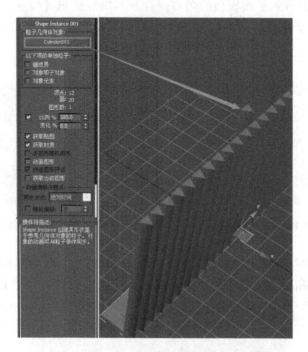

图 18.13　圆柱体替代粒子

18.2　制作广告牌翻动动画

（1）在【粒子视图】的命令列表中找到【Collision】命令，此命令的作用是接受任何导向器类型的粒子空间扭曲进行碰撞测试，已经发生碰撞或将要发生碰撞的粒子被发送到下一个事件中去。将此命令拖拽到 Event 001 节点中 Shape Instance 001 选项的下檐位置，使其成为 Event 001 中的一个选项，如图 18.14 所示。

（2）选择 Collision 001 选项，在右侧的属性栏里找到【测试真值的条件是粒子】选项下方的【碰撞】项，将【速度】选项设置为"继续"，如图 18.15 所示。

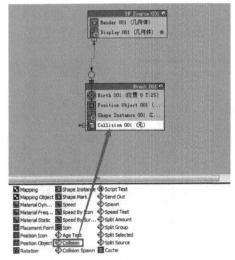

图 18.14 调用 Collision 命令

图 18.15 调节 Collision 选项的属性数值

（3）单击【创建】➕→【空间扭曲】〰️ ，选择下拉菜单中的【导向器】选项。单击【对象类型】下方的【导向板】按钮，在透视图中创建导向板，如图 18.16 所示。

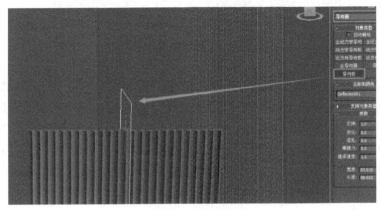

图 18.16 创建导向板

（4）点击视图右下角的【时间设置】按钮，为时间滑块设置相应的动画长度，在这里将【长度】设置为 300 帧，如图 18.17 所示。

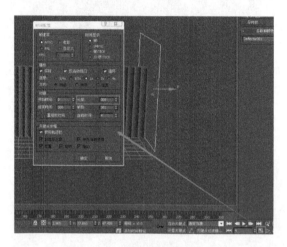

图 18.17　设置时间滑块的长度

（5）选择导向板，使用移动工具将导向板从广告牌的一侧移动向另一侧。在时间滑块上 20 帧和 70 帧的位置设置关键帧，如图 18.18 所示。

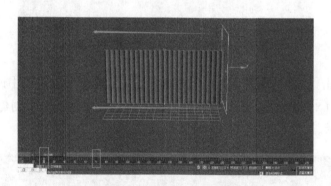

图 18.18　为导向板设置动画

（6）在【粒子视图】命令列表中找到【Spin】命令。Spin 命令是设置当前事件中粒子的初始角速度。旋转轴可以是随机轴，也可以与某个粒子的全局、局部或速度空间相关。将 spin 命令拖拽至节点编辑窗口，这是会生成一个独立的 Event 002 节点，将这个节点的 Display 002 属性删除掉，然后点击 Event 001 节点左下角的连接端口，按住鼠标左键将其拖拽到 Event 002 节点左上角的接受端点处，这时在 Event 001 与 Event 002 之间会生成一条连接线将两个节点连接，如图 18.19 所示。

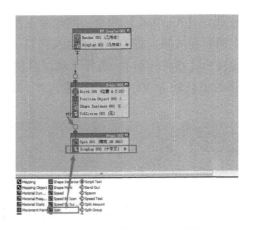

图 18.19　调用连接 Spin 节点

（7）选择 Event 002 节点中的 Spin 001 选项，在右侧的属性栏里将【目标速率】设置为 120，【自转轴】设置为世界空间。这样，每一个圆柱体都有了转动的轴向和速率，如图 18.20 所示。

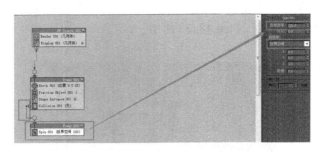

图 18.20　设置 Spin 节点的属性数值

（8）选择上一级 Event 001 节点中的 Collision 001 选项，在属性窗口中点击【导向器】下方的【添加】按钮，将鼠标移动到透视图中，选择导向板，这是导向板被添加到了 Collision 001 节点属性里，如图 18.21 所示。

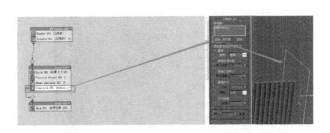

图 18.21　将导向板添加到 Collision 001 属性里面

（9）在命令列表中找到【Age Test】命令。此命令是检查绝对时间、粒子年龄或粒子在当前事件中的存在时间。将 Age Test 拖拽到 Event 002 节点中 Spin 001 的下檐位置，设置其属性为【事件年龄】，选择【测试真值的条件是粒子值】中的【大于测试值】，【测试值】输入 30，【变化】输入 0，如图 18.22 所示。

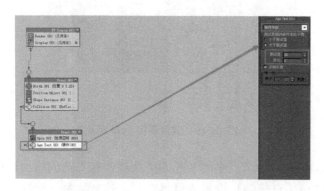

图 18.22　设置 Age Test 001 的属性数值

（10）再次添加一个【Spin】命令节点，删除其 Display 002 选项。将这个节点与 Event 002 进行连接，如图 18.23 所示。

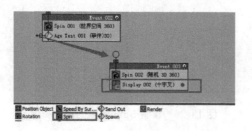

图 18.23　创建连接 Spin 命令节点

（11）选择 Spin 002 选项，在属性栏里设置【自旋速度】为 0，如图 18.24 所示。

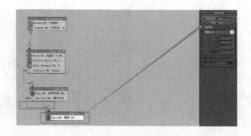

图 18.24　在 Spin 002 中设置自旋速度为 0

（12）播放动画，这时随着随着导向板的运动，其所经过的圆柱体都会发生自转，当导向板有一侧运动到另一侧停止后，圆柱体的自转随之停止。

18.3　为广告板添加材质

制作完成广告牌自旋动画后，接下来要为广告牌添加材质。因为之前将圆柱体的侧面数量设置为 3，所以现在的圆柱体实则是一个三棱柱。需要在每一个面上为其添加上不同的材质，这样运动起来才会有变化。因为之前使用 Instance（粒子替换）来实现的模型，所以要为其添加材质的话需要先别替换生成的模型转换为普通模型，在这里使用"复合网格"进行转换。

（1）单击【创建】　→【几何体】　，在下拉菜单中找到【复合对象】，单击【对象类型】下方的【网格化】按钮。在透视图的靠近广告牌的位置点击鼠标左键，创建"复合网络"，如图 18.25 所示。

图 18.25　创建"复合网格"

（2）选择创建的"复合网格"物体。在【修改】　面板中点击【参数】卷展栏中【拾取对象】下方的【None】按钮，再点击【粒子流事件】下方的【添加】按钮，将鼠标移动到透视图，选择之前利用粒子替换生成的广告牌，如图 18.26 所示。

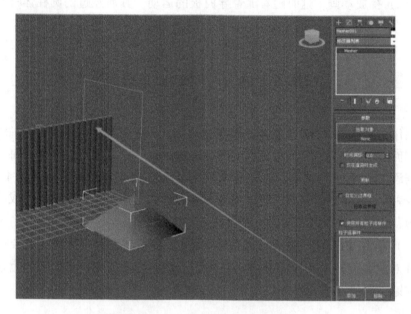

图 18.26　"复合网格"替代模型

（3）替代完成以后的效果如图 18.27 所示。

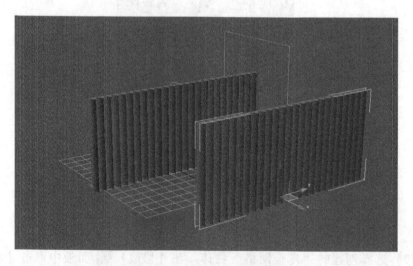

图 18.27　模型替换后的效果

（4）选择粒子视图中 PF Source 001 节点里的 Display 001 选项，在右侧的属性栏里将【类型】重新改为点模式。这时之前通过粒子替代生成的广告牌模型变为点状结构从而消失，如图 18.28 所示。

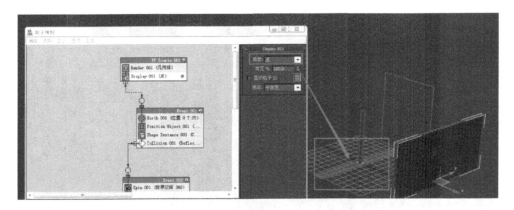

图 18.28　粒子替换模型变为点状形态

（5）将"复合网络"生成的模型移动到之前模型的位置。选择模型，然后在【修改】 ![img] 面板下方的【修改器列表】中找到【UVW 贴图】命令，为模型重新展开表面贴图。在【参数】卷展栏下方取消【真实世界贴图大小】选项，将【对齐】设置为 X 轴向，使"UVW 贴图"能够完全平铺到模型上，如图 18.29 所示。

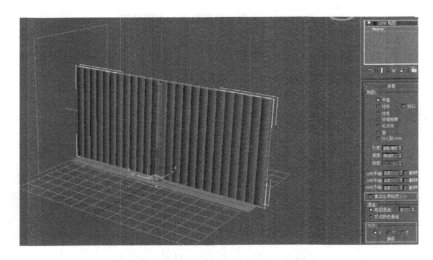

图 18.29　为模型添加 UVW 贴图

（6）点击【材质编辑器】 ![img] 按钮，打开材质编辑器窗口，为模型添加一个标准材质，在材质面板中点击【漫反射】色块后面的按钮，在弹出的【材质/贴图浏览器】中找到【位图】贴图，为漫反射添加一张贴图，如图 18.30 所示。

图 18.30　为漫反射属性添加位图贴图

（7）进入位图层级，点击【位图参数】卷展栏下方的加载贴图按钮，在弹出的路径文件中找到需要添加的贴图，如图 18.31 所示。

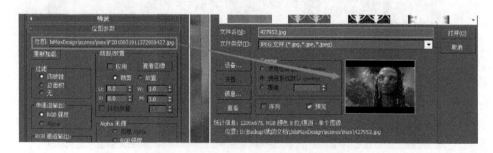

图 18.31　选择贴图路径为材质添加贴图

（8）添加贴图后会发现贴图还不能够很好地平铺在模型上。在【修改】面板里的【修改器堆栈】中点击"UVW 贴图"前方的加号按钮，从而展开命令。选择子层级"Giamo"，使用旋转工具对"UVW 贴图"进行旋转，调整到满意的位置，如图 18.32 所示。

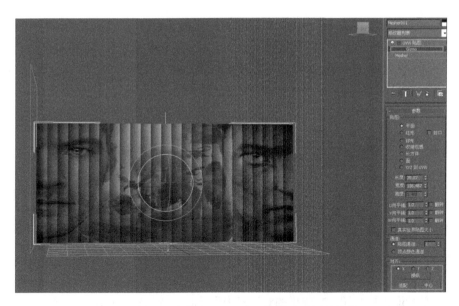

图 18.32　通过选择"Giamo"旋转贴图调整位置

（9）选择模型，在【修改】 图 面板中的【修改器列表】里找到【编辑多边形】命令，将模型转换为可编辑多边形。在其下方的【选择】卷展栏里点击面 图 按钮，进入面选择级别。在透视图中选择三棱柱背面的一组面，如图 18.33 所示。

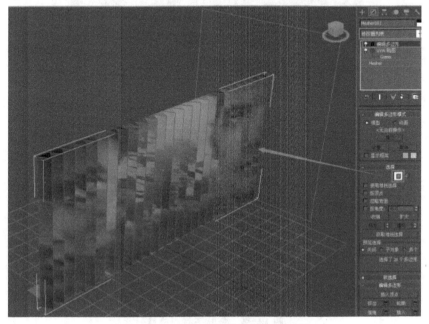

图 18.33　选择广告牌背面的一组面

（10）找到【多边形：材质 ID】卷展栏，在【设置 ID：】中输入 2，【选择 ID：】中输入 2。将这一组的面所赋予的材质 ID 标记为 2。

（11）在材质编辑器中点击【standard】按钮，在弹出的"贴图/材质浏览器"中选择【多维/子对象】材质。将之前赋予模型的"标准"材质更改转换为"多维/子对象"材质，如图 18.34 所示。

图 18.34　更换材质类型

（12）进入"多维/子对象"材质面板，在【多维/子对象基本参数】卷展栏里点击【数量设置】按钮，在弹出的对话框中将【材质数量】由默认的 10 改为 3。（三棱柱有三组面，所以这里改为 3）这时子对象材质数量会变为 3，如图 18.35 所示。

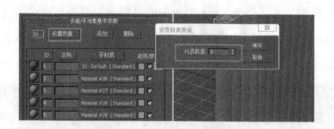

图 18.35　更改材质的数量

（13）点击第一个子材质，拖拽到第二个子材质上，在弹出的对话窗口中选择复制选项。将第一个子材质的所有信息复制到第二个子材质上面，如图 18.36 所示。

图 18.36　复制子材质信息

（14）点击第二个子材质按钮，进入其属性面板。由于第二个子材质的信息是复制第一个而来，所以两个子材质的贴图完全一样，将第二个子材质的贴图进行更换。找到【位图参数】卷展栏，点击下方的贴图按钮，弹出贴图路径，找到一张新的贴图赋予第二个子材质，如图 18.37 所示。

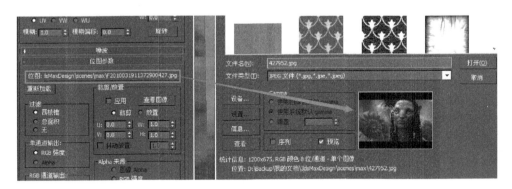

图 18.37　更换第二个子材质的贴图

（15）使用同样的步骤，依次选择广告板模型的第三组面，为其设置 ID 序号，复制第二个子材质到第三个子材质上，为其更换贴图。播放动画，最终效果如图 18.38 所示。

图 18.38　广告板翻动最终效果

18.4　本章小结

本章通过广告板翻动的实例制作，讲解了 3ds Max 粒子系统的使用方法，

Birth、Position Object、Shape Instance、Collision、Spin 和 Age Test 几个节点的使用方法。粒子视图将每个命令封装成节点形态，通过节点之间的相互连接生成需要的特殊效果。节点的使用使得一切变得皆有可能。其最大的优势就是灵活性强，通过不同的组合方式可以实现多种效果，且使用起来比层级方式更加直观明了。

第 19 章

电视栏目包装案例制作

本章内容为 3ds Max 在电视栏目包装中的应用，通过比较常见的电视台台标的三维制作实例，详细地介绍了电视栏目的制作思路及常用的制作手法。通过本章内容的学习，掌握 3ds Max 在电视栏目包装中的应用技巧。

19.1　3ds Max 在电视栏目包装中的应用

3ds Max 在电视栏目包装中的应用主要有以下几个方面：

（1）电视栏目片头的制作。在电视栏目片头的制作中，因为三维动画的视觉冲击力强，表现手法自由多样，很多的片头制作都会采用三维动画的表现形式，如新闻联播等。

（2）电视栏目工具包的制作。电视栏目工具包包括字幕条、角标、背景板、节目预告板、栏目转场等，其中许多就需要 3ds Max 来完成制作。

（3）虚拟演播室三维场景的制作。

（4）电视剧的片头包装。近年来电视剧的片头越做越精致，制片方在片头片尾等需要包装的地方都下了很大力气。

（5）电视台的频道包装。目前，每个电视台都很重视频道的包装，注重包装特色和风格的统一。形成自己独特的形象特点。比如，以频道 Logo 演绎为形式的频道呼号短片头，经常会在整个频道的各个时段频繁出现，各个频道的功能模块如节目预告版，广告之后精彩继续等都会使用到三维动画技术。

19.2　制作 3ds Max 台标动画

本章通过使用 3ds Max 制作山东卫视的三维台标 Logo，来演绎三维动画技术的应用，Logo 演绎在电视节目制作中使用非常广泛，通常制作频道呼号、栏目片头、中间转场特效、角标、各种节目预告版等，Logo 的元素会在各种节目的包装中出现。

19.2.1　制作 3ds Max 台标模型

如果没有某种标志的 AI 文件，则就需要在 3ds Max 中进行手工绘制，制作步骤如下：

（1）打开中文版 3ds Max2020 程序，导入制作山东卫视台标的蓝底图片，如果下载或者得到的图片是白底的，那么需要把白底改成蓝底或者其他深色的底，因为绘制曲线时，曲线是白色的，如果用白底的话就无法清晰地看到绘制的线。

（2）选择菜单【视图】→【视口背景】→【视口配置】，将山东卫视的二维台标 Logo 参考图片设置在前视图中，如图 19.1 所示。

（3）根据参考图使用贝塞尔曲线绘制二维 Logo 图形，并在修改器面板中修改顶点，结果如图 19.2 所示。

图 19.1　设置背景图片　　　　　图 19.2　绘制二维 Logo 图形

（4）选择其中一个轮廓，然后进入修改面板，选择附加，依次把所有曲线附加成为一个整体对象。

（5）使用倒角修改器命令，制作立体带倒角边的三维 Logo，如图 19.3 所示。注意倒角值大小的调节，一般倒角不易过高过大，因为制作 Logo 动画通常会多角度旋转运动等，所以要使用三个级别来制作双面倒角。

19.2.2　为 Logo 添加材质

为了使 Logo 不同的面拥有不同的材质，需要添加材质效果。

（1）在 Logo 模型上右击，将其转换为可编辑多边形。选择多边形的面，给

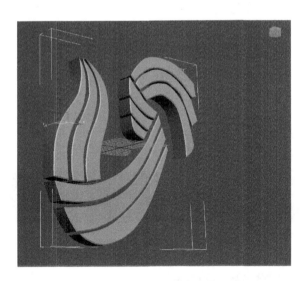

图 19.3　通过倒角修改器命令生成三维 Logo

Logo 侧面指定材质 ID 为 3；倒角面指定为 2；前后面为 1，如图 19.4 所示。

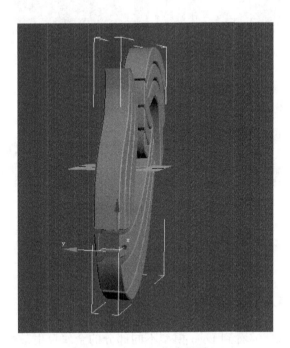

图 19.4　为 Logo 指定材质 ID

（2）打开【渲染设置】对话框，指定渲染器为 VRry 渲染器，建立一个多子对象材质，然后把数量设为 3。

（3）分别调整 1、2、3 号材质如图 19.5、19.6、19.7 所示；注意反射度的大小和环境贴图的添加，金属材质的一个重要特征就是其反射性，要根据不同金属调整其反射度的大小，添加环境贴图可以模拟把模型放入一个环境中，那么环境就会在金属的反射中体现出来。

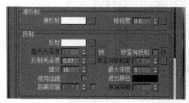

图 19.5　1 号材质调整参数

图 19.6　2 号材质调整参数

图 19.7　3 号材质调整参数

（4）调整好多维/子对象材质后，将材质指定给 Logo 模型，测试渲染结果如图 19.8 所示。

19.2.3　为 Logo 添加灯光

从测试的结果能够看到 Logo 模型不同部分的金属反射效果，但是整个结果有些暗，这是因为场景中还没添加灯光，所以就没有投影，Logo 有些轮廓边不是那么清晰，导致立体感不是很好，所以光影的调节是最后获得好的效果必须要完

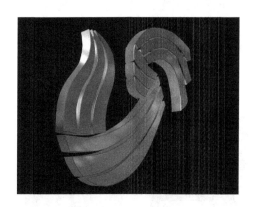

图 19.8　测试渲染结果

成的重要步骤。

（1）灯光添加首先确定布光的方案，主光源应该在 Logo 的左上方，在左上方先添加一盏矩形 VRay 灯光作为主光源；然后在右下方添加一盏球形 VRay 灯光作为辅助光源，如图 19.9 所示。

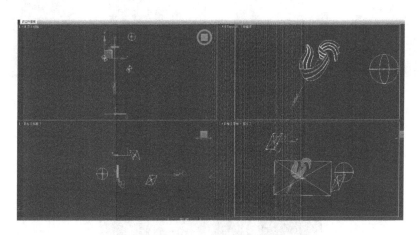

图 19.9　场景的布光方案

（2）主光源灯光参数设置为强度 30lx 颜色淡黄、勾选不可见，其他默认值，如图 19.10（a）所示；球形辅助光源灯光设置为强度 12，半径 32；此灯主要用来照亮 Logo 的背面及 Logo 的下面，作为辅助光源光的强度一般较主光源低，强度是主光源的三分之一到一半，如图 19.10（b）所示；右下光源作为正面光的补充光源强度为主光源的三分之二，其他参数一致，这个光为了使整体的 Logo 正面的光照效果更丰富避免单一，参数如图 19.10（c）所示；正前方的一盏

311

VRay 矩形灯面积很大，但是强度很低只有这盏灯充当环境光，只是为了大面积打亮场景，在做 Logo 动画时避免 Logo 飞近摄像机时出现出了光区，会出现 Logo 一片黑的效果，灯光参数如图 19. 9（a）所示。

(a)　　　　　　　　(b)　　　　　　　　(c)　　　　　　　　(d)

图 19.10　场景光源的参数设置

（3）主光源灯光最终渲染结果，如图 19.11 所示。

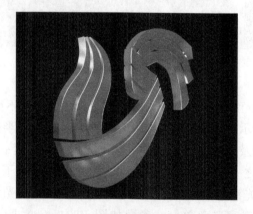

图 19.11　设置场景光源的效果

19.2.4　创建三维文字

（1）使用二维图形绘制工具中的文字，创建"山东卫视"四个字，并为添加倒角修改器命令生成三维倒角文字，如图 19.12 所示。

图 19.12　设置场景光源的效果

（2）将三维倒角文字"山东卫视"转换为可编辑多边形，对文字的厚度、倒角边、正反面分别分配材质 ID 号 1、2、3，制作方式同 Logo 的操作步骤相同，效果如图 19.13 所示。

图 19.13　为文字指定材质 ID

（3）把"山东卫视"四个字分别分离出来成为独立模型，以便分别做动画设定。在编辑多边形修改器的多边形层级中，选中一个文字所有的面，点击编辑几何体中的分离，把一个文字从整体中分离成为一个独立模型，其他依此操作。最后将"山东卫视"四个字分别独立，如图 19.14 所示。

图 19.14　把文字分离成为独立模型

（4）为文字赋予调好的多维/子对象材质，效果如图 19.15 所示。

图 19.15　为文字赋予多维/子对象材质

19.2.5　制作 Logo 演绎动画

在制作 Logo 演绎动画中，一般制作者都要根据 Logo 的设计形态来设计动画的运动方式，一般比较常见的动画方式都是 Logo 特写角度的镜头运动，这个实例中，根据山东电视台的 Logo 的形态设计几组镜头和 Logo 的运动动画。

（1）在制作动画前，首先要调整时间单位，因为中国的电视制式是 PAL 制，所以先打开【时间配置】对话框，选择 PAL 值，长度设为 125 帧，如图 19.15 所示。

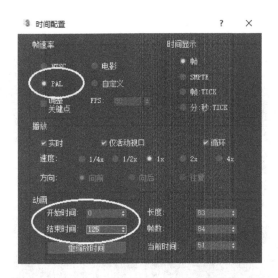

图 19.16　通过【时间配置】对话框设置时间单位

（2）建立目标摄像机，调整摄像机位置与角度，确定合适的构图，如图 19.17 所示。

图 19.17　摄像机的位置与角度

（3）做 Logo 旋转动画，同时摄像机也沿着 Logo 的弧线做平移运动。这种运动方式是在做 Logo 演绎动画比较常见的一种方式，就是要选取 Logo 的一个局部做镜头或者 Logo 的运动。在做运动之前，先进入层次面板，点击居中到对象，把 Logo 的中心调整的模型的中心。

（4）做 Logo 的顺时针旋转大约 30 度动画，同时摄像机也添加位置和目标点的平移动画关键帧，动画时间为 2 秒，如图 19.18 所示。

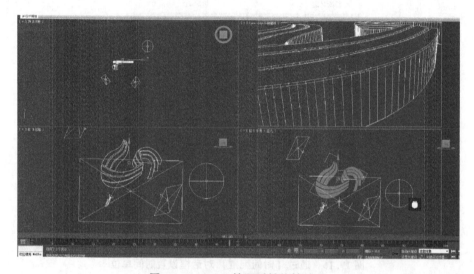

图 19.18　Logo 的顺时针旋转动画

（5）渲染效果如图 19.19 所示。

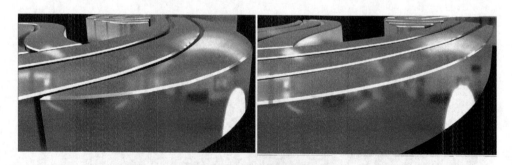

图 19.19　Logo 动画渲染效果

（6）添加第二个摄像机，制作第二个镜头，选取 Logo 侧上部调整角度，如图 19.20 所示。

（7）制作摄像机运动动画，从侧面摇到正侧，如图 19.21 所示。

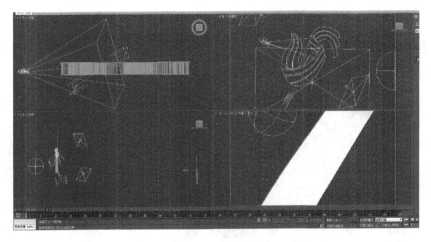

图 19.20　设置第二个摄像机的位置

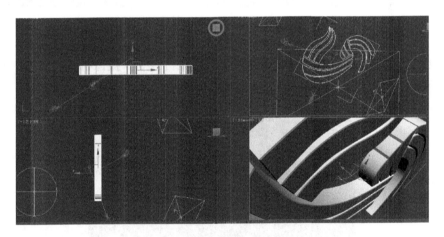

图 19.21　制作摄像机运动动画

（8）为了使摄像机能够匀速运动，选中摄像机打开图形编辑器，把动画曲线调整为直线，如图 19.22 所示。

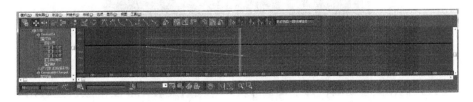

图 19.22　通过图形编辑器调整动画曲线

（9）渲染动画如图 19.23 所示。

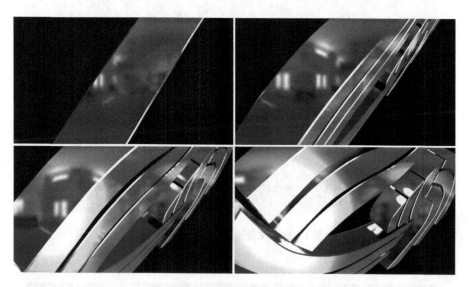

图 19.23　动画渲染效果

（10）做落版动画，在场景中建立目标摄像机，制作摄像机从右摇到中间的定版动画，动画时间为 0~45 秒，如图 19.24 所示。

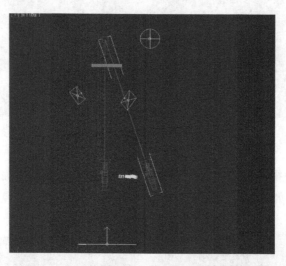

图 19.24　制作摄像机从右摇到中间的定版动画

（11）制作文字动画，每个文字都从画外飞入旋转 180 度落版，注意先要选中所有文字在 25 帧处先添加文字动画的结束关键帧，打开自动关键帧按钮，然后再移动时间至第 8 帧把所有文字都移出画外至镜头后面，这样文字能从镜头附近飞入，从视觉上也更有冲击力；然后依次选中四个文字把每个文字的动画关键帧依次错后 3 帧，形成依次飞入的效果，如图 19.25 所示。

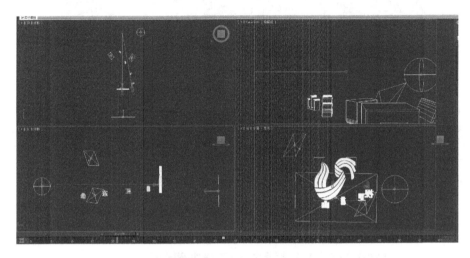

图 19.25　制作文字动画

（12）制作 Logo 飞入动画，把时间指针移到 50 帧处，选中 Logo 模型，点击添加关键帧按钮，手动添加关键帧先确定最后落定的动画位置，然后把时间指针向前移动到 25 帧，这时四个文字都以飞入画面但还没落定，这时打开自动记录关键帧按钮，把 Logo 模型移到摄像机后面并从顶视图沿 Z 轴顺时针旋转 180 度生成另一个关键帧，如图 19.25 所示。

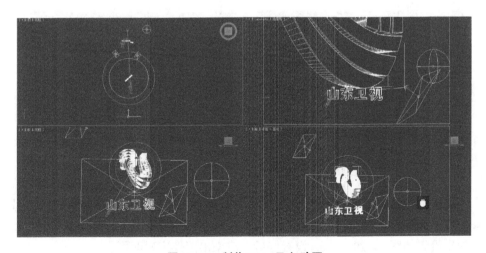

图 19.26　制作 Logo 飞入动画

（13）渲染成动画效果如图 19.27 所示。

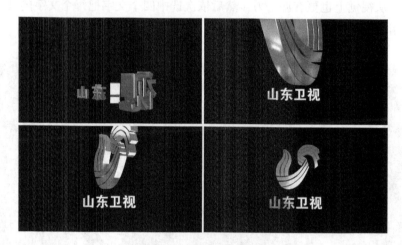

图 19.27　渲染成动画效果

19.2.6　添加多维/子对象材质中的环境贴图动画

在渲染输出前，还要分别添加多维/子对象材质中的环境贴图的动画，以使整个 Logo 和文字产生光影流动的效果，添加方法如图 19.28 所示。在 125 帧处添加环境贴图 U 向偏移关键帧值为 0.25，这个值一般不宜过大，否则产生的流光过快，效果不好，具体数值可以进行小图的测试渲染来观察效果。三个子材质都按此来添加动画关键帧。

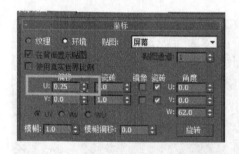 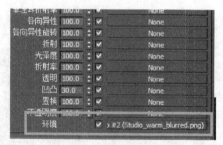

图 19.28　添加多维/子对象材质中的环境贴图的动画关键帧

这样，就完成了整个的 Logo 演绎动画的制作，那么下一步就是要渲染输出，要把文字和 Logo 分层渲染输出，这样有利于进入后期分别进行调整和处理，渲染输出设置如图 19.29 所示，设置好后，渲染出图像序列即可。

图 19.29　渲染输出设置

19.2.7　后期处理

三维部分制作完成，还要把渲染好的三维动画序列导入后期特效软件 After effect 中进行后期处理，下面简要介绍在 AE 中对于三维渲染素材的一些常用处理方法。

（1）打开 After effect 软件，首先新建高清合成组预制为 hd1080，如图 19.30 所示。

图 19.30　新建高清合成组

（2）导入渲染好的图像序列素材，把素材拖到时间线上添加曲线工具，调节素材的明暗层次，这时一般都要对三维渲染素材进行第一步调节，如图 19.31 所示添加曲线调整前后对比。

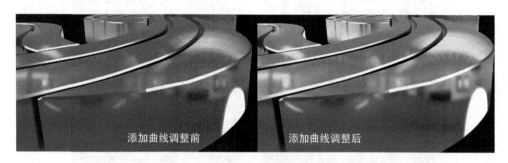

图 19.31　添加曲线调整前后对比

（3）曲线特效调整参数如图 19.32 所示，调整的目的就是使画面更有层次，明暗对比更强，看起来更醒目。

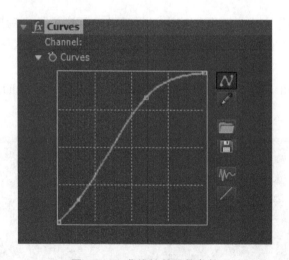

图 19.32　曲线特效调整参数

（4）调整完曲线层次后，为了使 Logo 看起来更加华丽耀眼，在给其添加一个s_ glow的特效，注意 Logo 模型发光强度不要太大，发光的阈值 threshold 在 0.45 左右；另外还要控制画面素材的发光范围，不是整个素材都发光，而是越亮的地方发光越强，其他地方发光弱甚至不发光，如果全发光或者发光强度太大，那么整个画面就会糊成一片，层次就完全失去了。参数设置如图 19.33 所示。

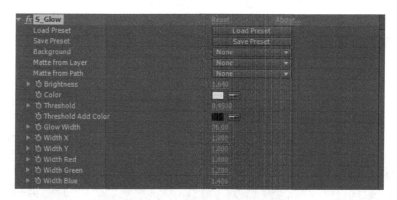

图 19.33　s_ glow 的特效的调整参数

（5）添加 s_ glow 的特效渲染效果对比，如图 19.34 所示。

图 19.34　添加 s_ glow 的特效渲染效果对比

（6）其他的素材也要在 AE 里面进行类似的处理；对于结尾落版动画中，把 Logo 和文字分层独立渲染，是为了好对两种图像素材进行分别处理，比如可以为 Logo 添加 Shine 发光特效然后再把落版 Logo 和三维文字合成起来组成落版，如图 19.35 所示。

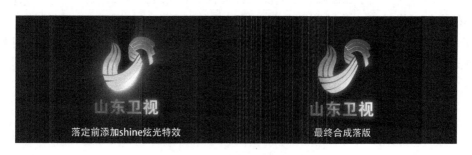

图 19.35　添加特效渲染效果

（7）整个 Logo 演绎动画完整的镜头组成，如图 19.36 所示。

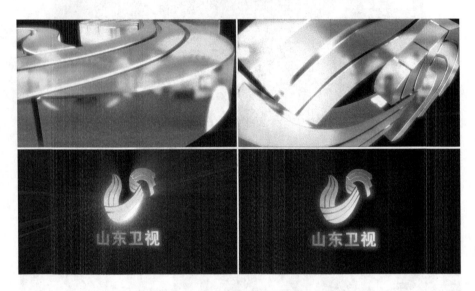

图 19.36　Logo 演绎动画完整的镜头组成

因为篇幅所限，本例没有过多地讲解后期对这个 Logo 演绎动画非三维部分的处理，在后期特效处理中，不仅可以处理背景的变化，还可以添加配合三维动画运动的其他修饰的元素。比如，可以在第一个镜头中跟踪 Logo 的曲线边缘使用 3dstrock 插件做一个亮边的描边动画，同时添加 Optical flare 炫光来丰富效果等。

19.3　本章小结

本章主要介绍了 3ds Max 在电视栏目包装中的应用，详细讲解了一个 Logo 演绎的实例制作过程。希望学习者在学习栏目包装后期特效课程中拓展思路，把 3ds Max 软件和后期特效 AE 软件更加完美地结合起来，制作出绚丽的栏目包装效果。